本书精彩案例欣赏

◤ 视觉合成　案例一　畅饮一夏

◤ 视觉合成　案例二　浮冰与跑车

◤ 视觉合成　案例三　混合水果

Photoshop CC 中文版
案例培训教程
本书精彩案例欣赏

◤ 视觉合成　案例四　水立方化妆品

◤ 视觉合成　案例五　酷炫跑鞋

◤ 视觉合成　案例六　土立方背包合成

◤ 视觉合成　案例七　麻辣小龙虾

本书精彩案例欣赏

摄影后期　案例一　古风侠客人像后期

摄影后期　案例二　日系色彩人像后期

摄影后期　案例三　人像后期通透调法

摄影后期　案例四　油画风格人像后期

摄影后期　案例五　逆光人像后期处理技巧

摄影后期　案例六　人像柔光后期处理技巧

摄影后期　案例七　古典怀旧人像处理技巧

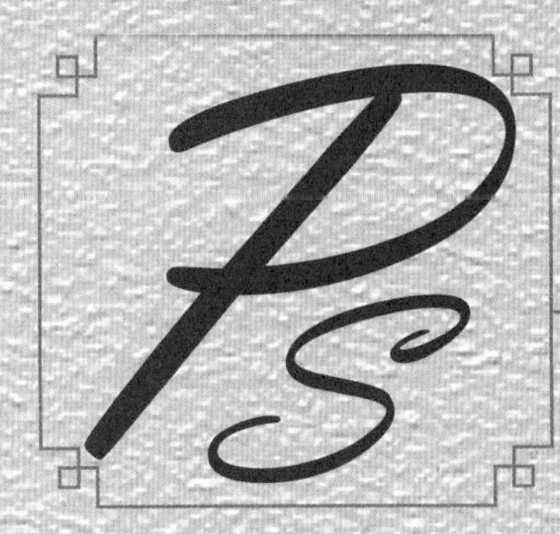

Photoshop CC 中文版案例培训教程

容华建　编著

清華大学出版社
北　京

内 容 简 介

本书分两篇，共 14 个案例，分别为视觉合成篇和摄影后期篇。在视觉合成篇中，主要使用时下主流的设计技巧分步演练了“啤酒创意合成”“汽车创意合成”“水果合成”“化妆品”“跑鞋”“背包”“麻辣小龙虾”等合成案例；在摄影后期篇中，则从底片开始，带领读者走完从 Camera Raw 原片处理到后期 Photoshop 处理阶段的整个过程，在该篇中，读者将学习到“古装人像后期”“日系色彩人像后期”“通透的人像处理技巧”“油画人像后期”“逆光人像处理技巧”“柔光处理技巧”“怀旧人像后期”等人像案例。

本书的知识点安排合理，条理清晰，步骤详细，内容全面、有针对性；在案例中讲述了关键点和难点，给读者指明学习道路。本书配套的案例视频，都由作者容华建精心录制，使读者在学习时更快地掌握案例的核心技巧。

本书适合大部分的设计人员和摄影爱好者，以及设计相关专业的高校学生阅读，同时也适合作为各类培训中心、中职中专等院校相关专业的辅导教材。

图书在版编目（CIP）数据

Photoshop CC 中文版案例培训教程 / 容华建编著．—北京：清华大学出版社，2019（2020.8重印）

ISBN 978-7-302-51879-2

I. ① P… II. ①容… III. ①图象处理软件—教材 IV. ① TP391.413

中国版本图书馆 CIP 数据核字 (2018) 第 291169 号

责任编辑：贾小红
封面设计：闰江文化
版式设计：王凤杰
责任校对：马军令
责任印制：杨 艳

出版发行：清华大学出版社
网 址：http://www.tup.com.cn，http://www.wqbook.com
地 址：北京清华大学学研大厦 A 座 邮 编：100084
社 总 机：010-62770175 邮 购：010-62786544
投稿与读者服务：010-62776969，c-service@tup.tsinghua.edu.cn
质 量 反 馈：010-62772015，zhiliang@tup.tsinghua.edu.cn
印 装 者：小森印刷（北京）有限公司
经 销：全国新华书店
开 本：185mm × 260mm **印 张：**12.25 **插 页：**2 **字 数：**251 千字
版 次：2019 年 1 月第 1 版 **印 次：**2020 年 8 月第 2 次印刷
定 价：49.80 元

产品编号：081932-01

前言

随着设计行业日新月异的变化，电商视觉设计已经成为设计的主流领域，电商视觉设计师不仅需要熟练掌握对产品的创意表现和视觉合成，还需要熟练掌握图像的后期处理。本书共14章，书中每个案例的使用技巧不尽相同，确保读者在案例的学习过程中掌握多种方法和技巧。读者通过完成本书练习，不但可以巩固技术，还能够开阔设计思路。

本书分为两篇，视觉合成篇通过精心准备的电商合成案例让刚入门的读者能快速掌握目前行业内的设计技巧和主流设计思路；摄影后期篇通过人像后期处理技巧，让读者掌握摄影后期的必备技能，并能从中理解调色原理和方法，对今后涉及人像处理的工作有非常大的帮助。相信各位读者通过对本书案例的学习，在不久的将来，会成为一名集艺术和技术于一身的优秀设计师。

本书使用 Photoshop CC 2018 为读者讲解书中案例，部分案例中的图像调色和处理，会使用 Adobe Camera Raw 滤镜插件，这是 Photoshop CC 2018 捆绑的一款针对数字底片进行后期处理的插件。在摄影后期篇的案例章节中，将全部使用数字底片格式作为案例素材，给读者带来更专业的后期处理学习和体验。关于案例中涉及液化的使用技巧，因 Photoshop CC 2018 的液化界面与早期版本的不同，请读者使用最新版本的软件，以方便学习。

除了书中文字内容，作者还录制了部分案例教学视频，如果在学习的过程中遇到问题，可以通过扫描书中二维码观看案例视频进行辅助学习。案例中提到的涂抹操作，在视频里也有详尽的演示。

观看书中视频，需先扫描封底的刮刮卡二维码，获取扫描书中所有二维码的权限。其他所有附赠资源可扫描封底文案云盘二维码获取下载方式。

因水平和时间有限，本书中的操作、表述及效果可能会存在不尽人意之处，还希望各位读者来信指正，作者邮箱为 ronghuajian@qq.com。

本书中的模特拥有独立肖像权，除学习和练习外，请勿做其他用途，谢谢！

前言

Adobe Photoshop CC

目录

视觉合成篇

案例 01　畅饮一夏 …… 2

案例 02　浮冰与跑车 …… 21

案例 03　混合水果 …… 45

案例 04　水立方化妆品 …… 62

案例 05　酷炫跑鞋 …… 80

案例 06　土立方背包合成 …… 97

案例 07　麻辣小龙虾 …… 108

摄影后期篇

案例 01　古风侠客人像后期 …… 124

01 基础调节 …… 125

02 通过 HSL 统一色调 …… 126

03 分离色调，使高光和阴影色调形成互补色 …… 127

04 三原色校准，使画面主色调突出 …… 128

05 使用调整画笔，局部提亮人物 …… 129

06 在 Photoshop 里进行磨皮 …… 131

07 用通道和计算进行磨皮 …… 132

08 优化色调和美白皮肤 …… 135

案例 02　日系色彩人像后期 …… 138
01 基础调节 …… 139
02 通过 HSL 处理草地和天空 …… 139
03 分离色调，加强色彩对比 …… 141
04 渐变滤镜局部调色 …… 142
05 调整画笔，把模特皮肤变白皙 …… 143
06 用色彩平衡处理草地色调 …… 143
案例 03　人像后期通透调法 …… 146
01 基础调节 …… 147
02 分离色调统一颜色 …… 148
03 径向滤镜收缩高光 …… 149
04 用色彩平衡、可选颜色使肤色变白 …… 150
05 插件磨皮 …… 151
案例 04　油画风格人像后期 …… 153
01 基础调节 …… 154
02 HSL 调节草地色调 …… 154
03 制作暗角 …… 156
04 调整画笔，整体提亮模特 …… 157
05 人像磨皮 …… 159
06 油画渐变色彩制作 …… 162
07 瘦脸 …… 164
案例 05　逆光人像后期处理技巧 …… 166
01 基础调节 …… 167
02 HSL 调节草地颜色 …… 167
03 校准三原色 …… 169
04 使用调整画笔提高皮肤亮度 …… 170
05 使用渐变滤镜调出晚霞天空 …… 171
06 插件磨皮 …… 172
07 用可选颜色美白皮肤 …… 173

08 用色彩平衡加强中间调和阴影色彩 …… 174

案例 06　人像柔光后期处理技巧 …… 176

01 基础调节 …… 177

02 HSL 降低背景饱和度 …… 177

03 颜色校准 …… 178

04 用径向滤镜提高人物亮度 …… 179

05 制作柔光效果 …… 180

案例 07　古典怀旧人像后期处理技巧 …… 182

01 基础调节 …… 183

02 用径向滤镜提亮人物 …… 183

03 用色彩平衡形成冷暖对比色 …… 185

04 用渐变映射，降低饱和度 …… 186

05 用照片滤镜，添加暖黄色 …… 186

06 使用曲线增加对比度 …… 187

视觉合成篇

案例 01　畅饮一夏

合成思路	通过扩大啤酒瓶尺寸，让近景的人物与远景的瀑布和啤酒瓶形成视觉冲击，加入章鱼的触须营造了科幻的效果，在远处英文 BEER 的特效中加入了冰冻效果，给人一种凉爽的感觉，符合主题要求。
合成难度	★★★
合成关键点	蒙版的运用、光源阴影的掌握、剪贴蒙版的运用、场景调色、操控变形命令。

为了让读者更专注学习视觉合成训练，书中大部分案例素材都由作者提前完成抠图工作。

01 执行“文件 > 新建”命令，在弹出的面板中，输入宽度“1600 像素”，高度“900”，分辨率“72 像素 / 英寸”，颜色模式“RGB 颜色　8 位”，背景内容“白色”（见图 1-1）。

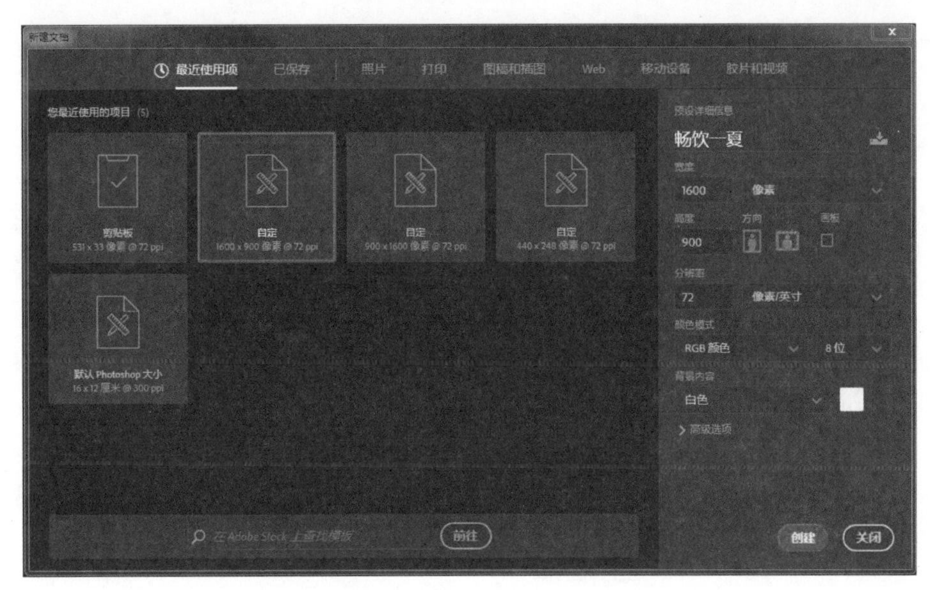

图　1-1

02 执行“文件 > 置入嵌入对象”命令，选择素材“瀑布 .jpeg”，在建立好的画布中将图像扩大到图中所示的尺寸，并按 Enter 键确定（见图 1-2）。

图　1-2

03 在“调整”面板中选择“色彩平衡”，对“瀑布”图层进行调色，使画面色彩统一，色调偏冷。调节“阴影”和“高光”区域的参数（见图 1-3 和图 1-4）。

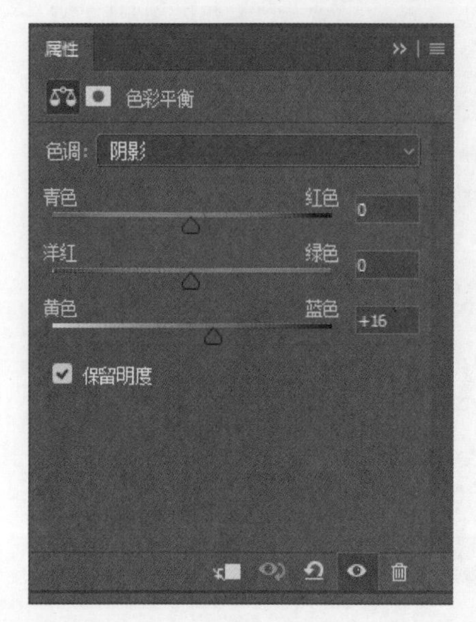

图 1-3

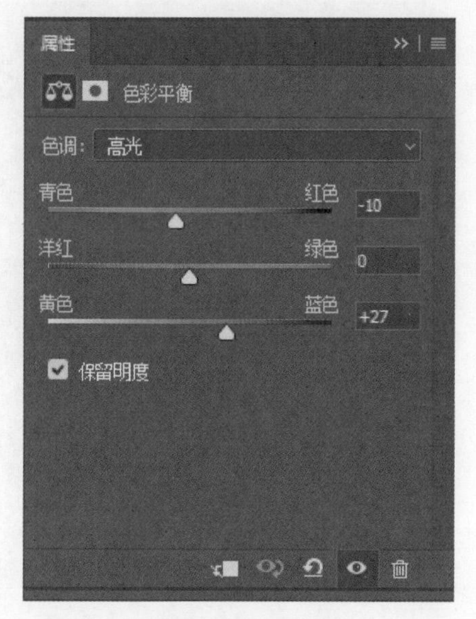

图 1-4

04 在“调整”面板中选择“可选颜色”，对“瀑布”图层进行调色，降低画面黄色比例，并把图像阴影区域变得更黑。调节“可选颜色”中“黄色”“蓝色”“黑色”的参数（见图 1-5 ～图 1-7）。

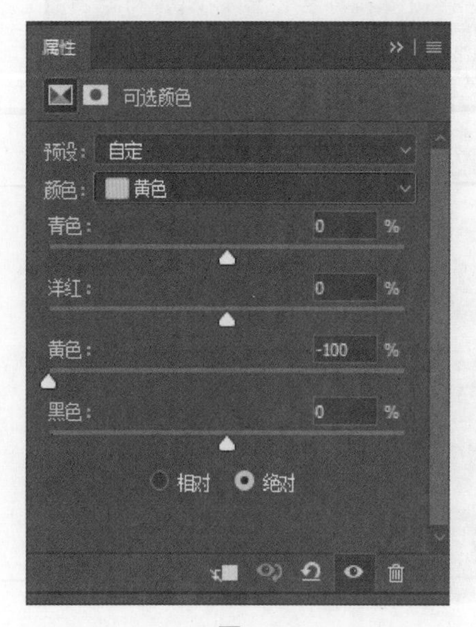

图 1-5

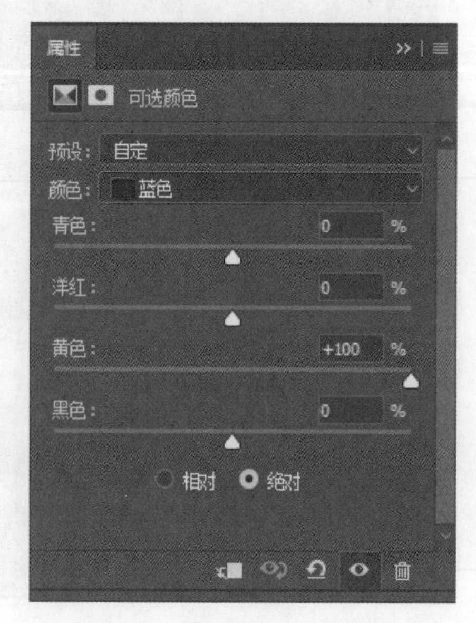

图 1-6

图　1-7

05 在“调整”面板中选择“曲线”，对“瀑布”图层进行调色，使画面中间变得更明亮（见图 1-8）。

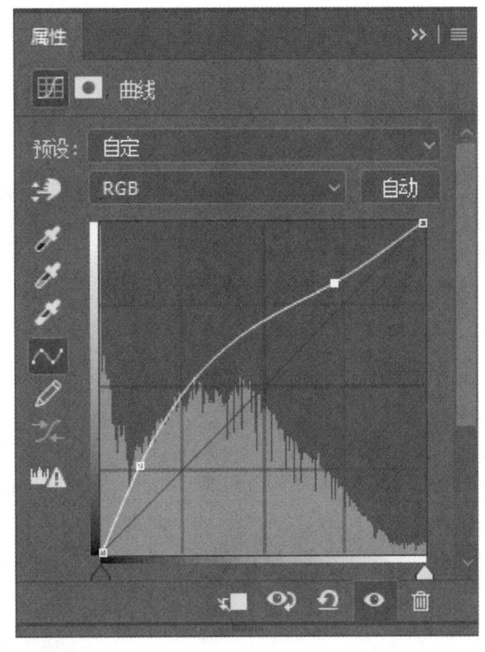

图　1-8

06 通过以上内容的操作便完成了背景的调色。为了更好地管理图层，可将相关图层全部选中，然后使用快捷键 Ctrl+G，对选中的图层进行编组，并把组命名为“背景”(见图 1-9 和图 1-10）。

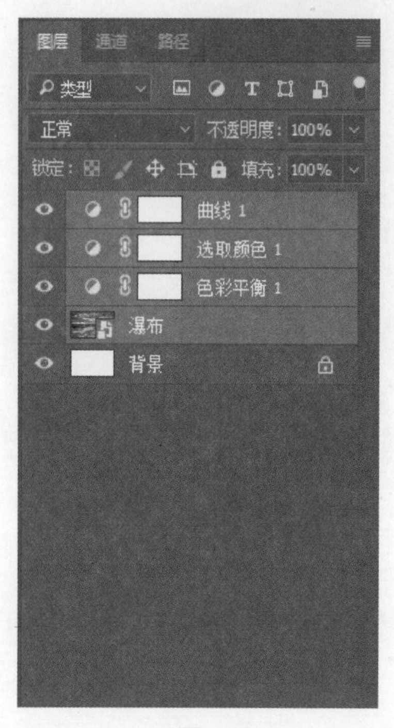

图 1-9

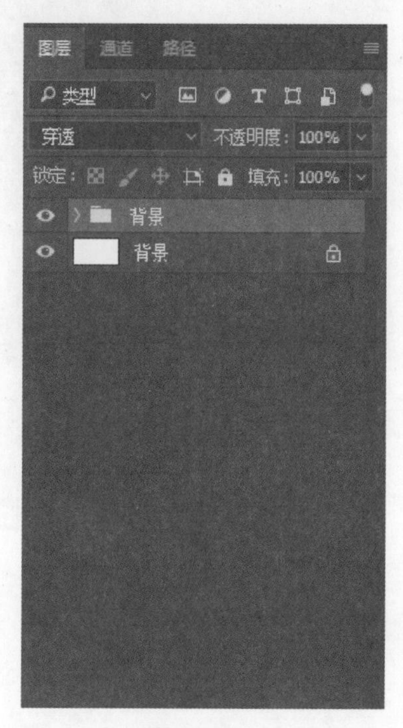

图 1-10

07 使用文本工具输入“BEER”，并将其放置在图像中的海面上，在“字符”面板把文字颜色设置为 #152438（见图 1-11 ～ 图 1-13）。

图 1-11

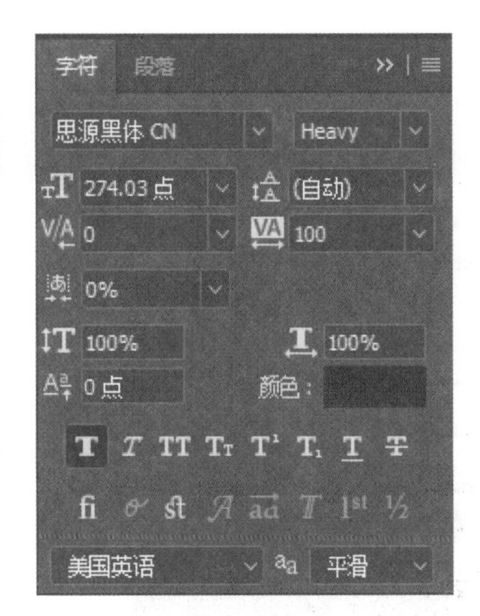

图　1-12

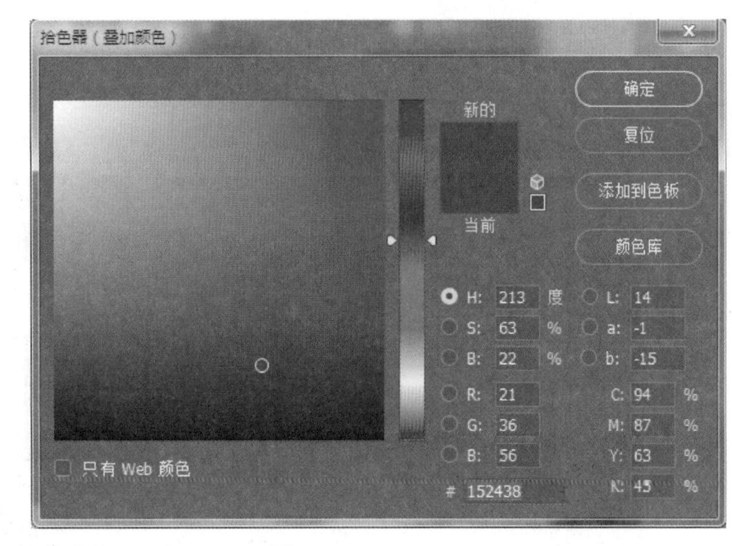

图　1-13

08 使用快捷键 Ctrl+J 复制文字图层，在字符面板上把文字颜色改为 #FFFFFF，并把图层分别向右和向下移动 8 像素，使复制的文字图层和下层文字形成立体效果（见图 1-14）。

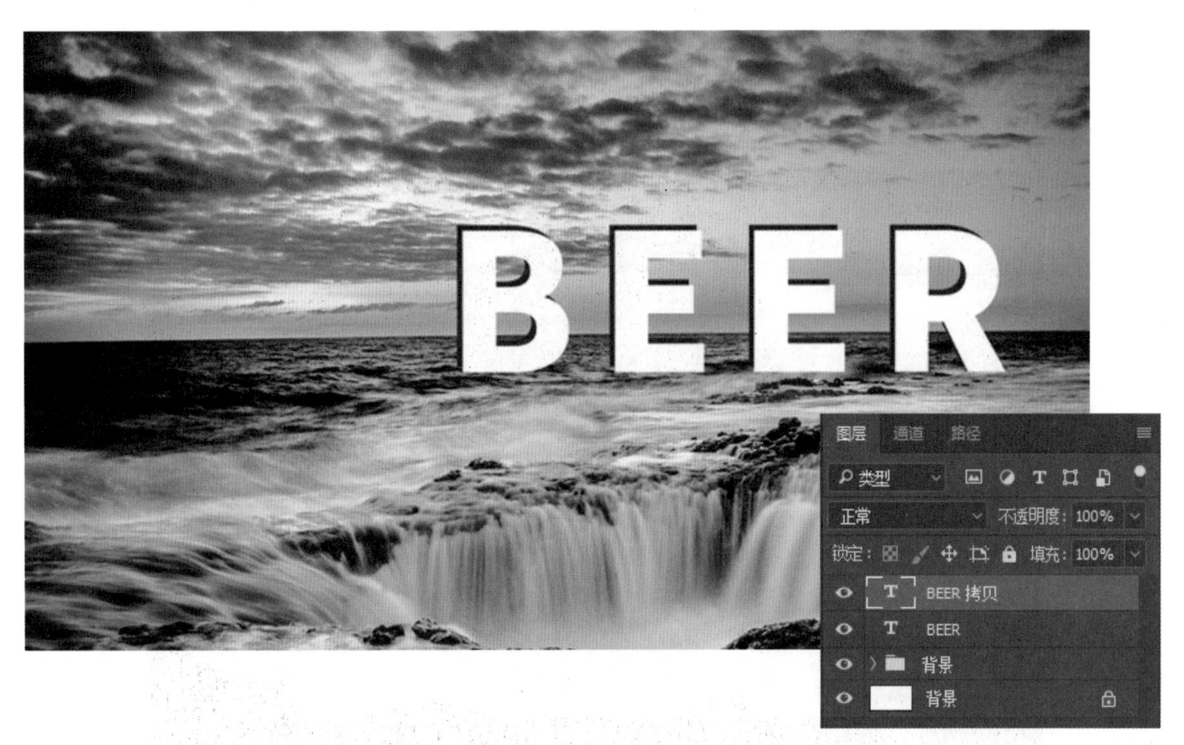

图　1-14

09 执行“图层 > 图层蒙版 > 显示全部”命令，给复制的文字图层添加蒙版，使用画笔工具，设置前景色为黑色 (#000000)，并设置画笔不透明度为“50%”，涂抹文字的底部，使文字和海面融合在一起，如图 1-15 所示。

图 1-15

10 执行“文件 > 置入嵌入对象”命令，选择素材“霜 .jpeg”，置入画布后，倾斜图像 (见图 1-16)，并按 Enter 键确定。

图 1-16

11 选择素材“霜”的图层，按下快捷键 Alt+Ctrl+G，创建剪贴蒙版，贴入下层文字图层中（见图 1-17）。

图　1-17

12 执行“文件 > 置入嵌入对象”命令，选择素材“登山客 .png”，置入画布，并放置在左下角（见图 1-18）。

图　1-18

13 为了使素材中的岩石和背景色彩协调，在“调整”面板中选择“色相 / 饱和度”，并设置相关参数（见图 1-19）。选中“色相 / 饱和度”面板的蒙版层，使用黑色画笔在人物身上涂抹（见图 1-20），把变色的人物还原，最终只改变岩石的颜色（见图 1-21）。

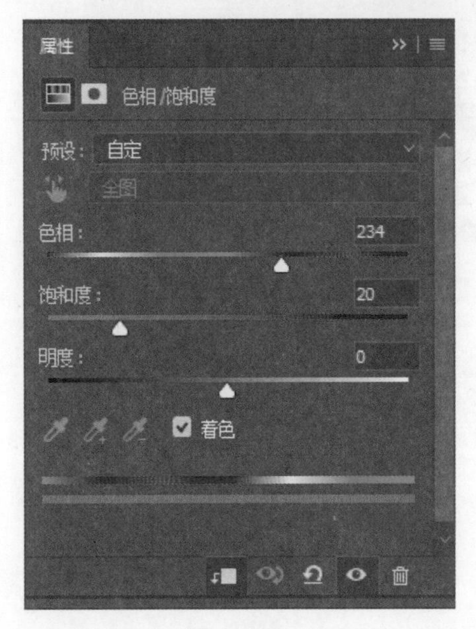

图 1-19

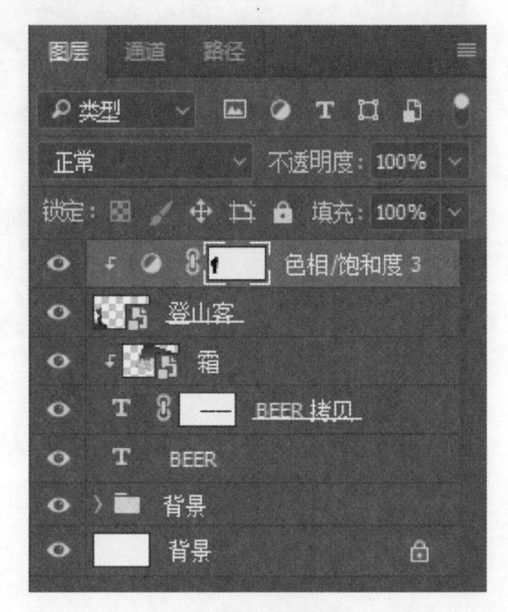

图 1-20

图 1-21

注意：使用色相 / 饱和度时，请选中 按钮，避免影响其他图层。

14 执行“文件 > 置入嵌入对象”命令，选择素材“海浪 .png”，拖动到文字与海面的接合处。因为海浪颜色偏蓝，所以在“调整”面板中选择“可选颜色”，调节白色和中性色（见图 1-22 和图 1-23），生成效果如图 1-24 所示。

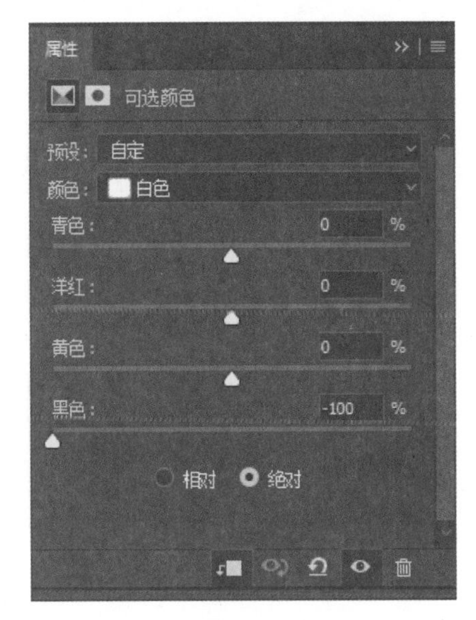

图　1-22

图　1-23

图　1-24

15 规划好图层结构可以更方便后续的操作。选择相关图层后（见图 1-25）进行编组，并命名为“前景和文字”（见图 1-26）。

图 1-25

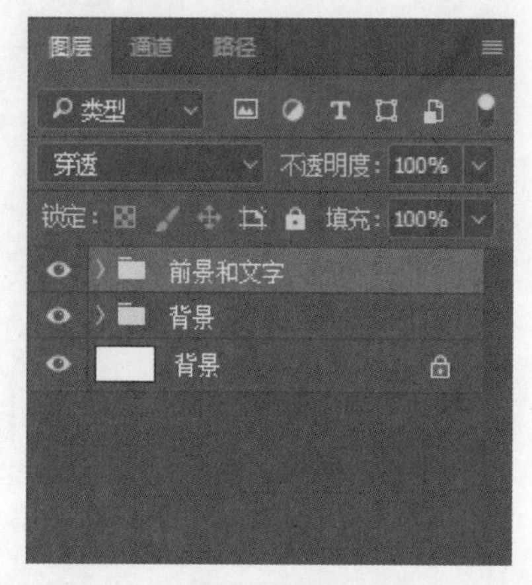

图 1-26

16 执行“文件 > 置入嵌入对象”命令，选择素材“啤酒 .png”，拖放到图中的位置，执行“图层 > 图层蒙版 > 显示全部”命令，给“啤酒”图层添加蒙版，并用黑色画笔涂抹啤酒底部，让啤酒融入背景中（见图 1-27）。

图 1-27

17 再次执行“置入嵌入对象”命令，选中素材“水花 .png”，拖放到图中的位置（见图 1-28）。

图　1-28

18 执行“文件 > 置入嵌入对象”命令，选择素材“阳光 .png”，拖放到图中的位置（见图 1-29），并把图层混合模式改为“滤色”（见图 1-30）。

图　1-29

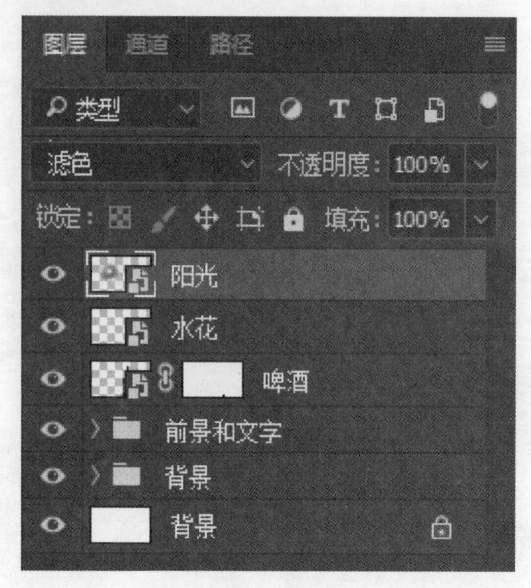

图 1-30

19 因为光源在左边，所以需要修改啤酒与背景的明暗关系。选择“啤酒”图层，在调整面板中使用“曲线”（见图 1-31）增加啤酒的对比度。然后，再次使用“曲线”（见图 1-32）压低整个啤酒的明亮度，为接下来的处理做好准备。

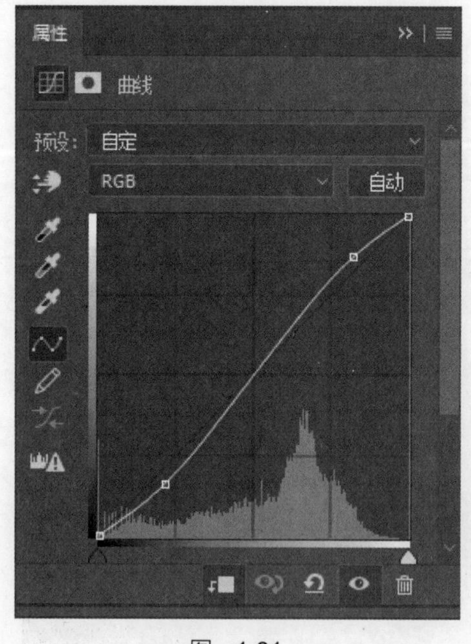

图 1-31

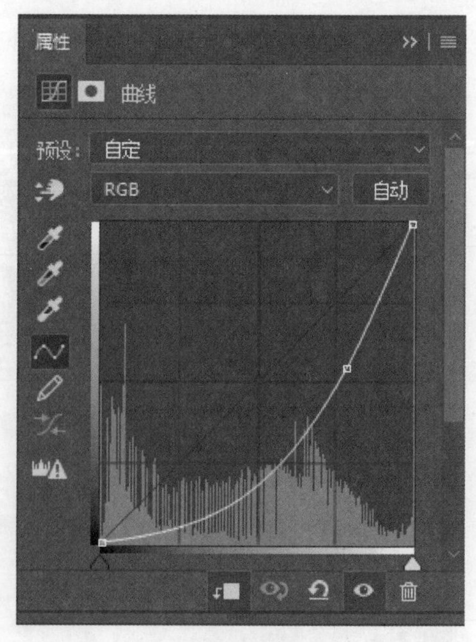

图 1-32

20 选择“曲线 2”图层，由于光源在左边，所以需要使用黑色画笔涂抹啤酒瓶左半边的区域以提高亮度（见图 1-33 和图 1-34）。

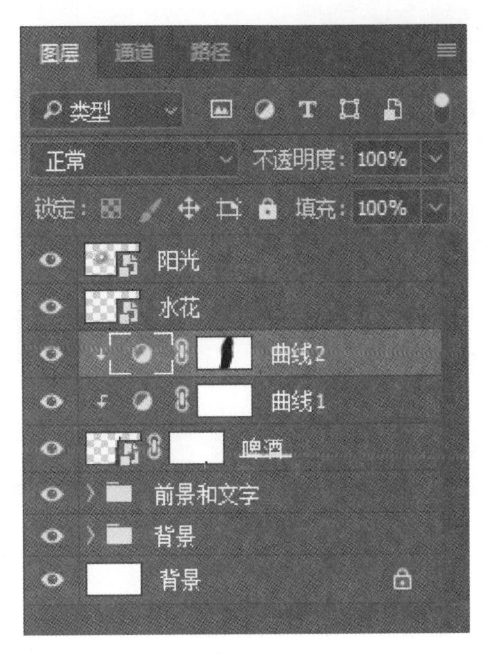

图　1-33

图　1-34

21 把“啤酒”图层和两个曲线图层进行编组，把组命名为“啤酒”（见图 1-35 和图 1-36）。

图 1-35

图 1-36

22 选中“前景和文字”组，然后执行“文件 > 置入嵌入对象”命令，选择素材“章鱼触手 1.png”，拖放到图中的位置（见图 1-37）。

图 1-37

23 选中“啤酒”组，然后执行“文件 > 置入嵌入对象”命令，选择素材“章鱼触手 2.png”，拖放到如图 1-38 所示的位置。

图　1-38

24 选中“章鱼触手 2”图层，然后执行“编辑 > 操作变形”命令，给图像钉上操控锚点，移动锚点 2 和锚点 3，扭曲章鱼触手（见图 1-39）。

图　1-39

25 选中“啤酒”组，然后执行“文件 > 置入嵌入对象”命令，选择素材“章鱼触手 3.png”，拖放到如图 1-40 所示的位置。

图 1-40

26 选中最上层的“阳光”图层，使用快捷键 Ctrl+Alt+Shift+E，盖印一个图层（见图 1-41）。

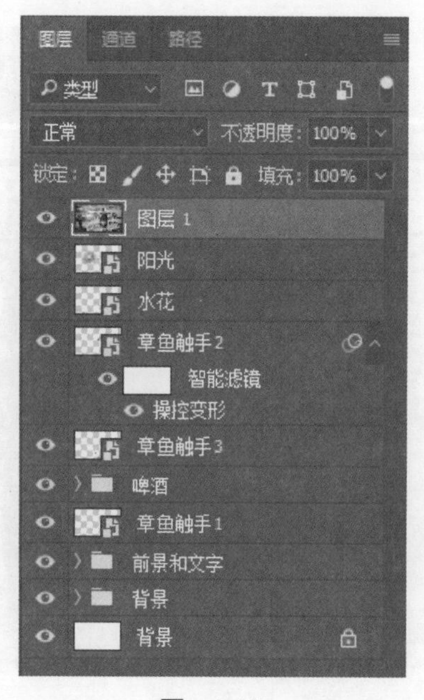

图 1-41

27 选中盖印后的“图层 1”，执行“滤镜 > 其他 > 高反差保留”命令，参数设置为 1.0（见图 1-42）。

图　1-42

28 把“图层 1”的混合模式改为“叠加”（见图 1-43）。

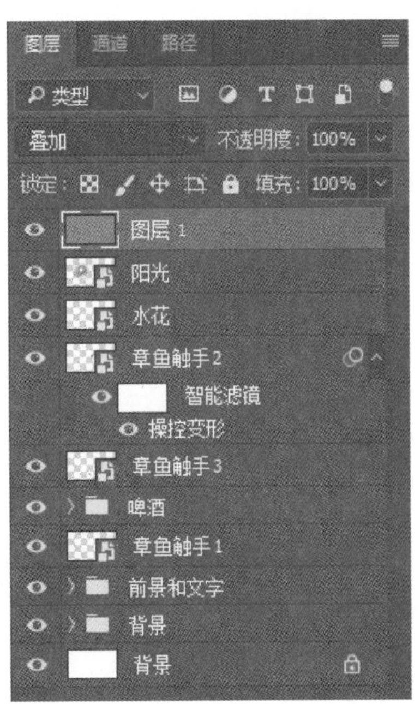

图　1-43

29 至此，合成的最终效果如图 1-44 所示。

图 1-44

> **提示：** 在本合成案例中，第 27 步的“高反差保留”技法能够提高合成后的锐度，使画面变得更清晰，但是锐度过高会导致图像变得刺眼，所以高反差保留的值要设置适当。

案例 02　浮冰与跑车

合成思路	合成汽车在浮冰上的效果，关键点有两个：一是在左上角制作了阳光，所以企鹅和汽车的光源位置要重新绘制；二是为了突出冰冷的感觉，在汽车和指路牌上都要有合成的雪堆。
合成难度	★★★★
合成关键点	蒙版的运用、光源和阴影的重塑、影子的制作、雪堆合成。

01 执行“文件 > 新建”命令，在弹出的面板中，输入宽度“1600 像素”，高度“900”，分辨率“72 像素 / 英寸”，颜色模式“RGB 颜色 8 位”，背景内容“白色”（见图 2-1）。

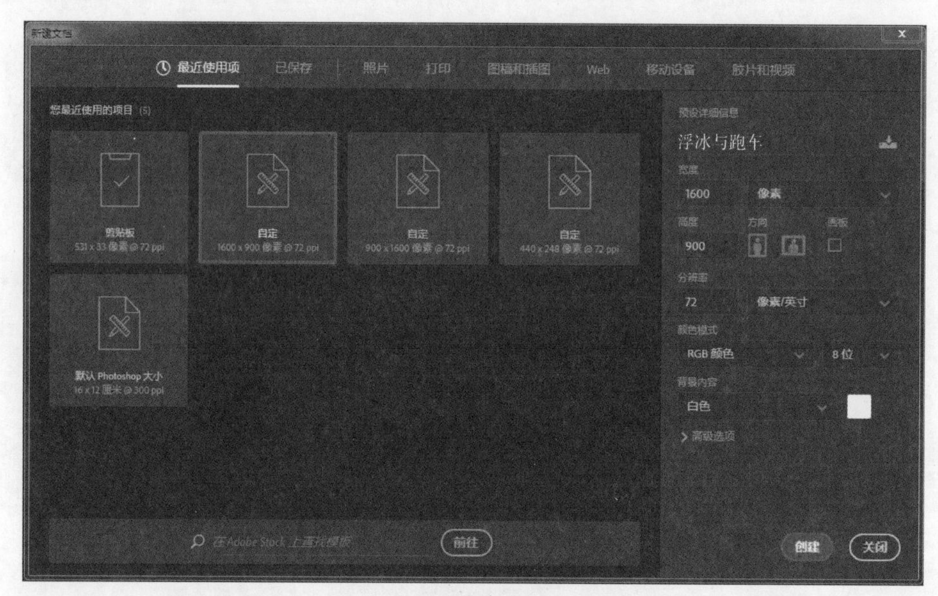

图 2-1

02 执行“文件 > 置入嵌入对象”命令，选择素材“天空 .jpg”图像， 置入画布后调整大小到合适尺寸，并按 Enter 键确定（见图 2-2）。

图 2-2

03 在“调整”面板中选择“可选颜色”，调节可选颜色中白色的参数（见图 2-3）。对蓝天进行调色，使图像中白云变得更白。

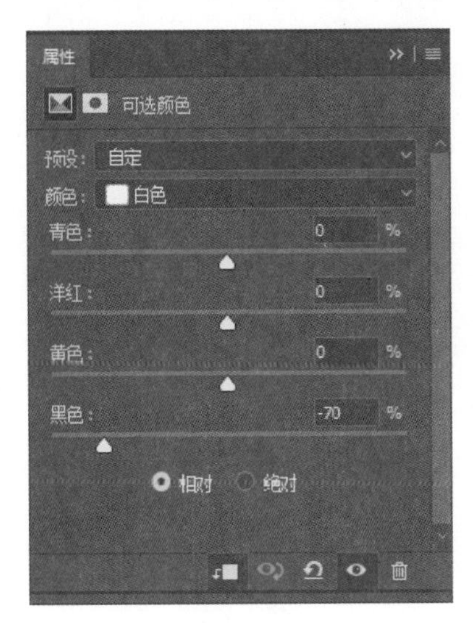

图　2-3

04 在“调整”面板中选择“色彩平衡”，调节色彩平衡的“中间调”和“高光”（见图 2-4 和图 2-5），使调节后天空变得更蓝更干净。

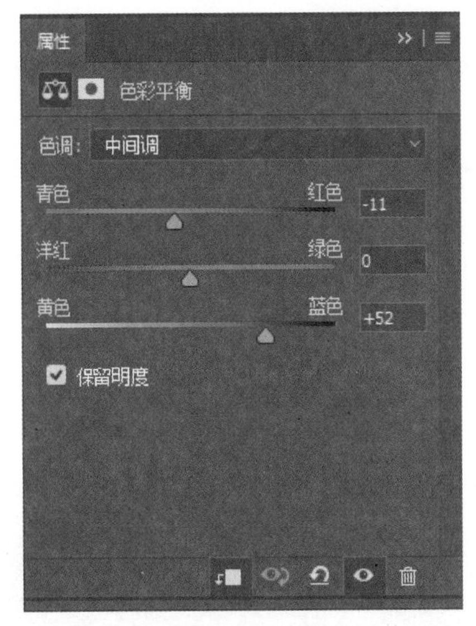

图　2-4

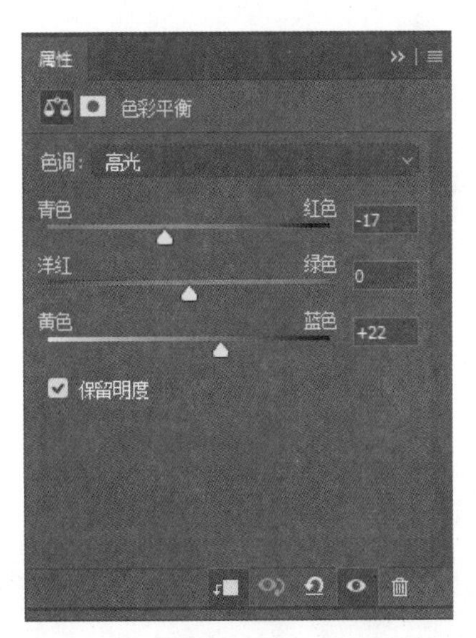

图　2-5

05 调整后的效果和图层结构如图 2-6 所示。

图 2-6

06 执行“文件 > 置入嵌入对象”命令，选择素材“海底 .jpg”图像，置入画布后调整大小到合适尺寸，并按 Enter 键确定（见图 2-7）。

图 2-7

07 在“调整”面板中选择“色彩平衡”，调节色彩平衡的“中间调”参数（见图 2-8）。对“海底”图层进行调色，使海底颜色偏向蓝色的冷色调。

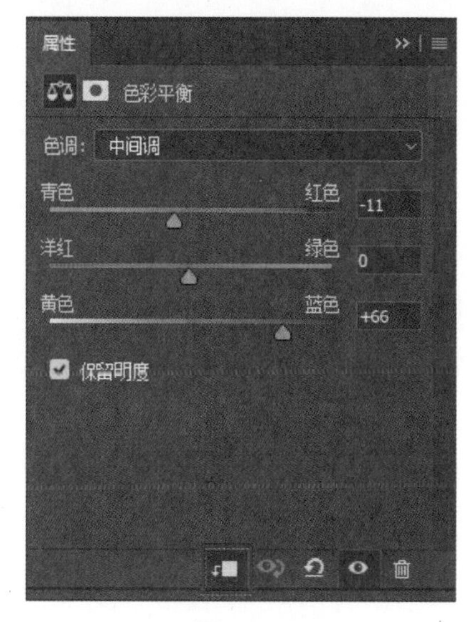

图　2-8

注意 : 此处要单击单独调整图层按钮，避免调色时影响其余图层，如图 2-8 中红框所示。

08 执行“文件 > 置入嵌入对象”命令，选择素材“海面 .png”， 置入画布后调整大小到合适尺寸，并按 Enter 键确定（见图 2-9）。

图　2-9

09 在“调整”面板中选择“色彩平衡”，对海面图层进行调色，调节色彩平衡的“中间调”和“阴影”参数（见图 2-10 和图 2-11）。使海面的色彩与海底的色彩统一。

注意：此处要单击单独调整图层按钮，避免影响其余图层，如图中红框所示。

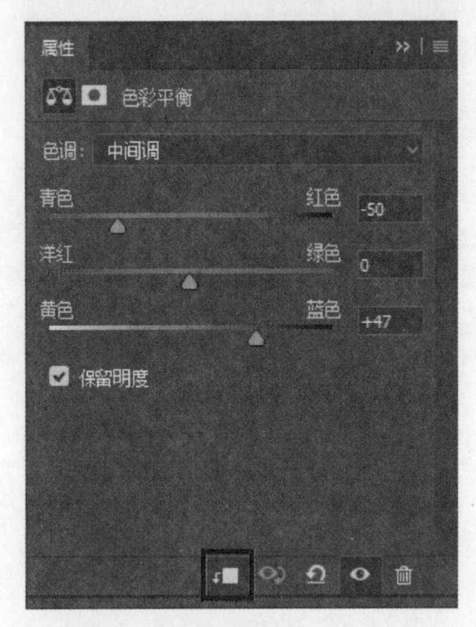

图 2-10

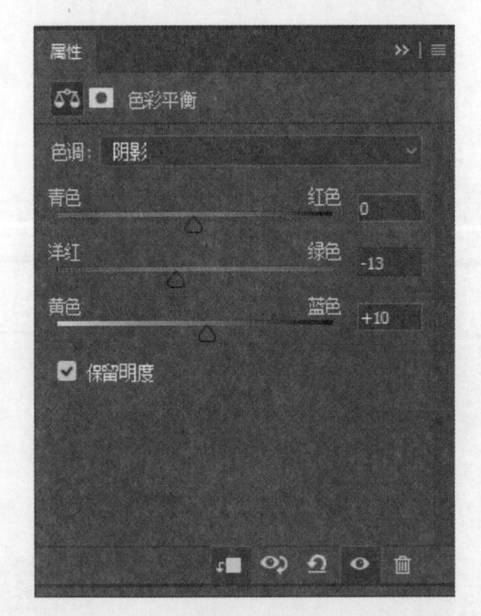

图 2-11

10 调整后的效果和图层结构如图 2-12 所示。

图　2-12

11 为了方便图层管理与接下来的制作，先对图层进行编组，分别把海面与其调色图层编为一组，把海底与其调色图层编为一组，把天空与其调色图层编为一组，并将 3 个组分别重新命名为“海面”“海底”“天空”（见图 2-13）。

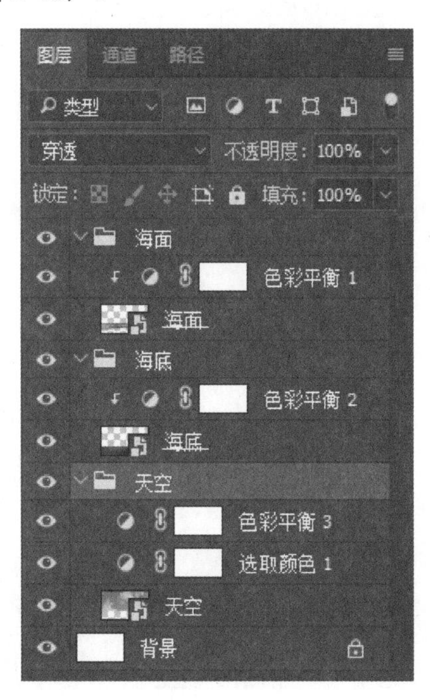

图　2-13

12 选中“海底”组，然后执行“文件 > 置入嵌入对象”命令，选择素材“浮冰 .png”，置入画布后调整大小到合适尺寸，并按 Enter 键确定（见图 2-14）。

图 2-14

13 选中“海底”组，然后执行“文件 > 置入嵌入对象”命令，选择素材“冰山 1.png”，置入画布后调整大小到合适尺寸，并按 Enter 键确定（见图 2-15）。

图 2-15

14 选中“海底”组，然后执行“文件 > 置入嵌入对象”命令，选择素材“冰山 2.png”，置入画布后调整大小到合适尺寸，并按 Enter 键确定（见图 2-16）。

图　2-16

15 选择“浮冰”“冰山 1”“冰山 2”3 个图层，然后进行编组，并命名为“浮冰和冰山”（见图 2-17）。

图　2-17

16 选中“浮冰和冰山”组，执行“文件 > 置入嵌入对象”命令，选择素材“汽车 .png”，按照相同操作方法，继续置入素材“企鹅 .png”和“路牌 .png”，置入画布后调整大小到合适尺寸，并按 Enter 键确定（见图 2-18）。

图 2-18

17 选中“海面”组，然后使用快捷键 Ctrl+Alt+Shift+N，新建一个空白图层，使用柔角画笔，前景色设置为 #FFFFFF，“不透明度”和“流量”均设置为“100%”，画笔大小设置为“400”（见图 2-19），在画布左上角单击（见图 2-20）。

图 2-19

图 2-20

18 使用快捷键Ctrl+Alt+Shift+N，新建一个空白图层，使用柔角画笔，前景色设置为# FCFF00，“不透明度”和“流量”均设置为“60%”，画笔大小设置为“600”（见图2-21），在画布的左上角单击，并把图层混合模式设置为“滤色”（见图2-22）。

图　2-21

图　2-22

19 使用快捷键Ctrl+Alt+Shift+N，新建一个空白图层，使用柔角画笔，前景色设置为 #FF9000，“不透明度”和“流量”均设置为“40%”，画笔大小设置为“1000”（见图 2-23），在画布的左上角单击 3 次，并把图层混合模式设置为“滤色”（见图 2-24）。

1000　模式：正常　不透明度：40%　流量：40%　平滑：10%

图　2-23

图 2-24

20 选中“汽车”图层，使用调整面板中的“曲线”，设置曲线参数（见图 2-25），选中曲线的蒙版后，用黑色画笔在汽车上涂抹，使汽车光源方向发生改变（见图 2-26）。

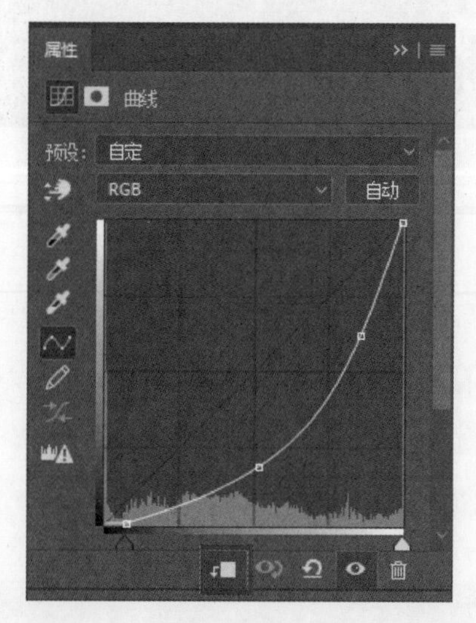

图 2-25

注意：此处要单击单独调整图层按钮，避免影响其余图层，如图 2-25 中红框所示。

图　2-26

21 选中“浮冰和冰山”组，使用“矩形工具”绘制一个黑色矩形，按下快捷键 Ctrl+T，然后右击选中“扭曲”（见图 2-27），把矩形调节成如图 2-28 所示的样子，并按 Enter 键确定，最后把“矩形 1”图层重新命名为“汽车影子”。

图　2-27

图 2-28

22 选中“汽车影子”图层，然后执行“滤镜 > 转换为智能滤镜”命令，接着再执行“滤镜 > 模糊 > 高斯模糊”命令，把“半径”参数设置为“22”像素，最终完成汽车影子的制作（见图 2-29）。把汽车相关的几个图层进行编组，并重新命名为“汽车”组（见图 2-30）。

图 2-29

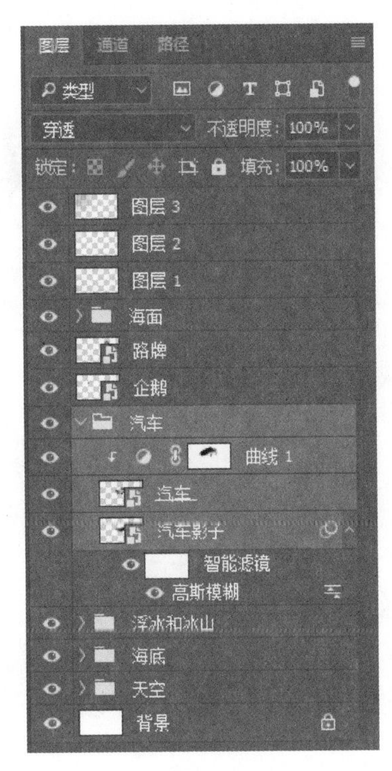

图　2-30

23 选中“企鹅”图层，使用快捷键 Ctrl+J 复制一个图层。把复制的图层命名为“企鹅影子”，并拖放到“企鹅”图层下方（见图 2-31），选中“企鹅影子”图层，使用快捷键 Ctrl+T，用鼠标把图像中心点移动到正下方（见图 2-32）。

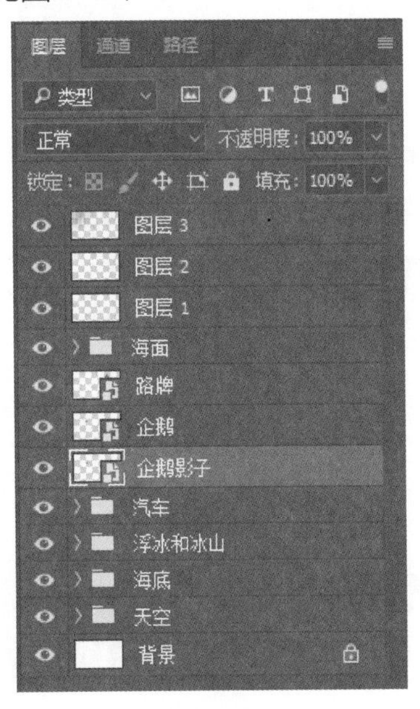

图　2-31

图　2-32

24 右击选择“垂直翻转”，得到翻转后的效果（见图 2-33）。再次右击并选择“扭曲”，把图像调整为如图 2-34 所示的效果，并按 Enter 键确定。

图　2-33

图 2-34

25 选中“企鹅影子”图层，执行“图层 > 图层样式 > 颜色叠加”命令，给图像添加黑色（见图 2-35），接着执行“滤镜 > 模糊 > 高斯模糊”命令，把“半径”值设置为“5.0”像素（见图 2-36），最后将图层的“不透明度”设置为“50%”，使影子更加自然（见图 2-37）。

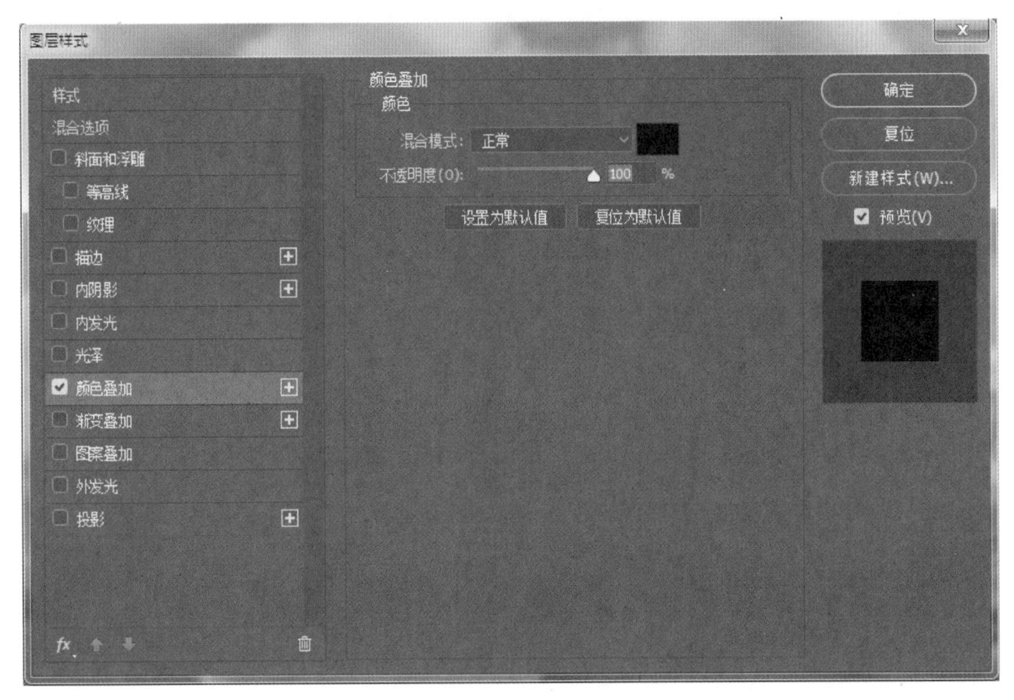

图 2-35

高斯模糊
确定
复位
预览(P)
100%
半径(R): 5.0 像素

图 2-36

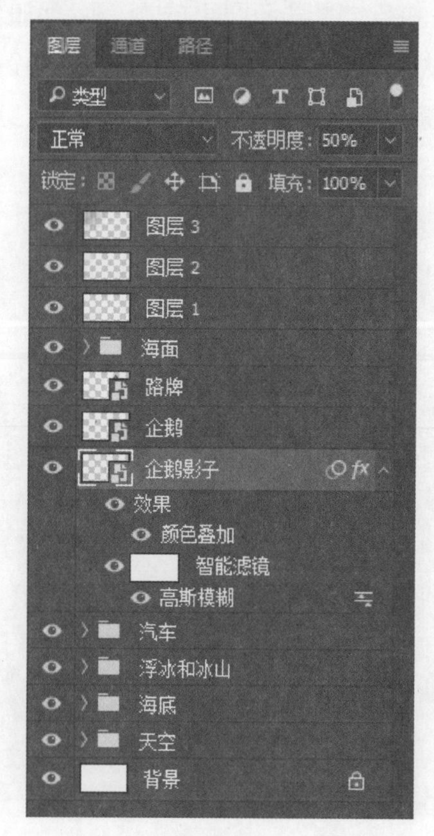
图层 通道 路径
类型
正常 不透明度: 50%
锁定: 填充: 100%
图层 3
图层 2
图层 1
海面
路牌
企鹅
企鹅影子
效果
颜色叠加
智能滤镜
高斯模糊
汽车
浮冰和冰山
海底
天空
背景

图 2-37

26 选中“路牌”图层，然后执行“文件 > 置入嵌入对象”命令，选择素材“雪花 1.png”。再选中置入的“雪花 1”图层，然后使用快捷键 Ctrl+Alt+G，创建剪贴蒙版，贴入路牌的图像中，并把图层混合模式改为“滤色”（见图 2-38）。

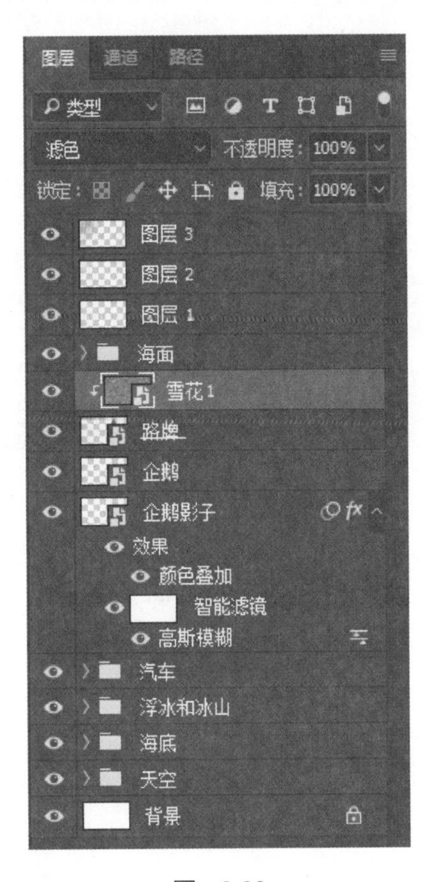

图 2-38

27 选中“雪花 1”图层，然后执行“图层 > 图层蒙版 > 显示全部”命令，给图层建立一个蒙版。用前景色为黑色的柔角画笔，“不透明度”设置为“50%”，画笔大小设置为“90”像素（见图 2-39），涂抹路牌中心区域，使中心文字变清晰，如图 2-40 所示。

图 2-39

图 2-40

28 选中“雪花 1”图层，然后执行“文件 > 置入嵌入对象”命令，选择素材“雪堆 .png”，并按下快捷键 Ctrl+J，重复 3 次，复制出 3 个“雪堆”图层，并且调整它们的位置，覆盖在路牌的表面（见图 2-41）。

图 2-41

29 选中“汽车”组，然后执行“文件 > 置入嵌入对象”命令，选择素材“雪堆 2.png”，拖放到汽车表面的合适位置（见图 2-42），执行“图层 > 图层蒙版 > 显示全部”命令，给图层建立一个蒙版。用前景色为黑色的柔角画笔，“不透明度”和“流量”均设置为“100%”，画笔大小设置为“60”像素（见图 2-43），涂抹不协调的雪堆，使画面融合更好（见图 2-44）。

图　2-42

60 模式：正常 不透明度：100% 流量：100% 平滑：10%

图　2-43

图　2-44

30 选中“汽车”组，使用快捷键 Ctrl+Shift+N，新建一个图层，命名为“车灯”，使用白色柔角画笔，“不透明度”设置为“70%”，画笔大小设置为“175”像素（见图 2-45 和图 2-46），在车灯处单击，形成汽车开灯的效果（见图 2-47）。

图 2-45

图 2-46

图 2-47

31 将汽车和相关图层编组，命名为“汽车整体”（见图2-48）；将阳光图层编组，命名为“阳光”（见图 2-49）；将路牌和雪堆图层编组，命名为“路牌整体”（见图 2-50）；将企鹅和相关图层编组，命名为“企鹅”（见图 2-51）。

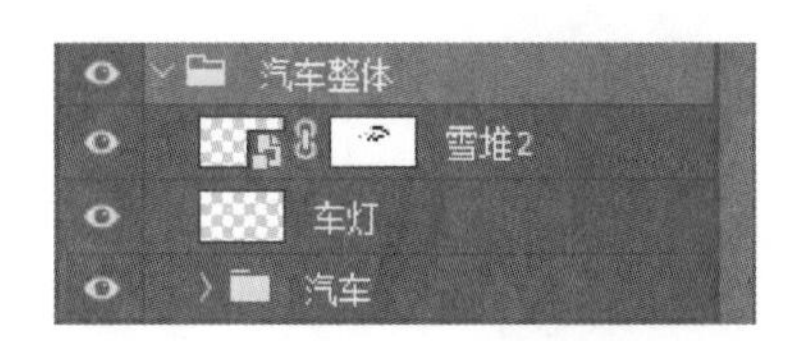

图 2-48

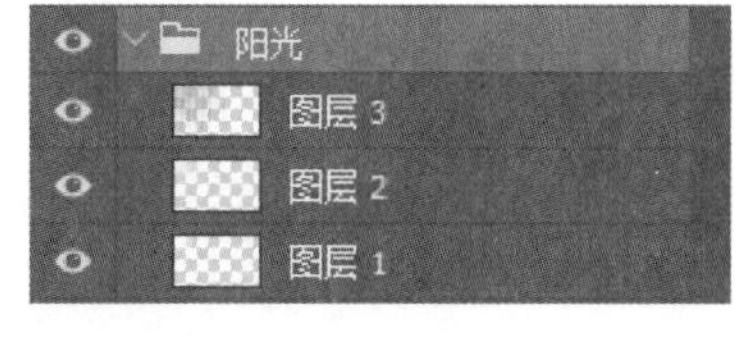

图　2-49

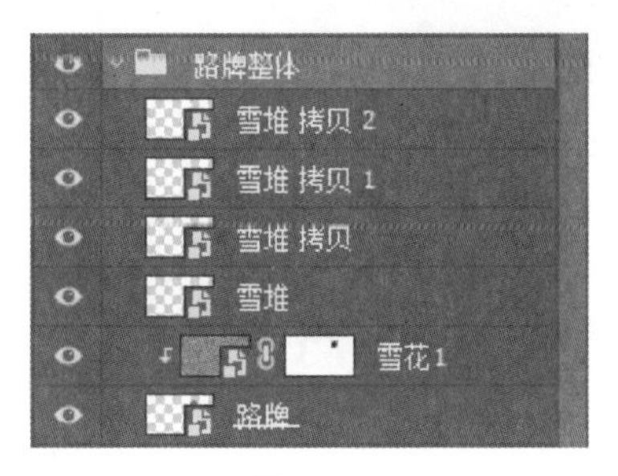

图　2-50

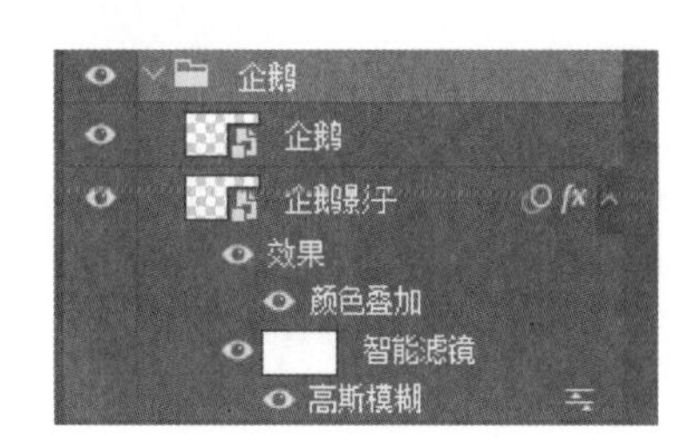

图　2-51

32 选中“阳光”组，然后执行“文件 > 置入嵌入对象”命令，选择素材“雪花 1.png”，并按 Enter 键确定，把“雪花 1”图层混合模式改为“滤色”（见图 2-52）。在调整面板选中色阶，通过调整色阶参数来减少雪花量（见图 2-53）。

图　2-52

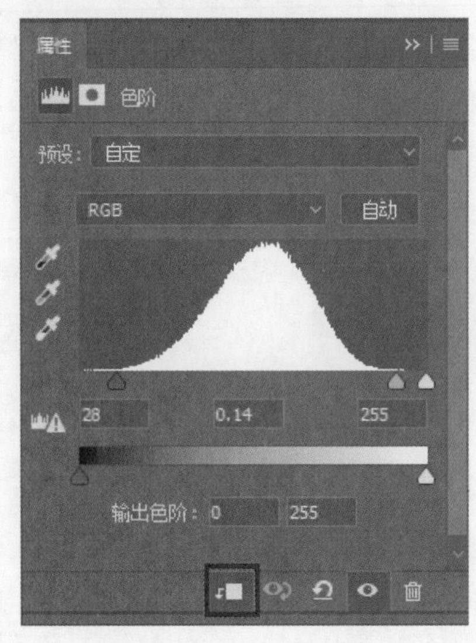

图　2-53

注意：此处要单击单独调整图层按钮，避免影响其余图层，如图 2-53 中红框所示。

33 选中“阳光”组，执行“文件 > 置入嵌入对象”命令，选择素材“飘雪 .png”，并按 Enter 键确定，把雪花的相关图层进行编组，重命名为“雪花”组，最终完成合成设计（见图 2-54）。

图　2-54

案例 03　混合水果

合成思路	灵活运用蒙版，把各类不同的水果素材贴入菠萝图像中，并控制好边缘细节。
合成难度	★★
合成关键点	蒙版的运用、细节的把控、投影的制作。

01 执行“文件 > 新建”命令，在弹出的面板中，输入宽度“1600 像素”，高度“900”，分辨率“72 像素 / 英寸”，颜色模式“RGB 颜色　8 位”；背景内容“白色”（见图 3-1）。

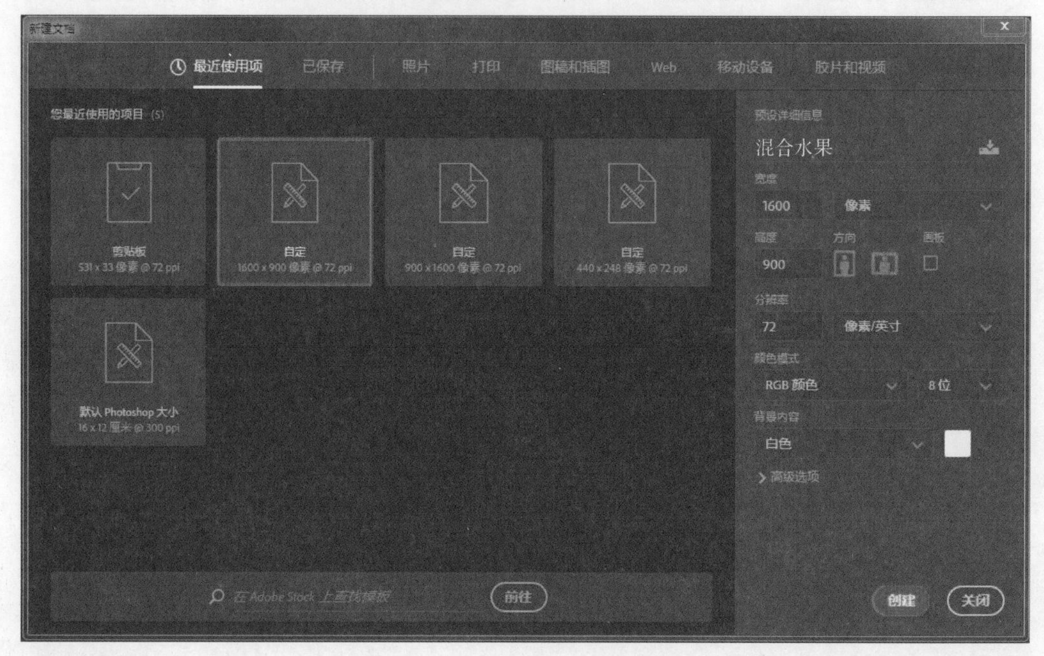

图　3-1

02 执行“文件 > 置入嵌入对象”命令，选择素材“木板 .jpeg”，在建立好的画布中将其调整到合适尺寸，并按 Enter 键确定（见图 3-2）。

图　3-2

03 执行“文件 > 置入嵌入对象”命令，选择素材“菠萝 .png”，为了使菠萝变得更明亮，色彩更饱满，在“调整”面板中使用曲线，并设置曲线的 RGB 和绿通道效果（见图 3-3 和图 3-4）。

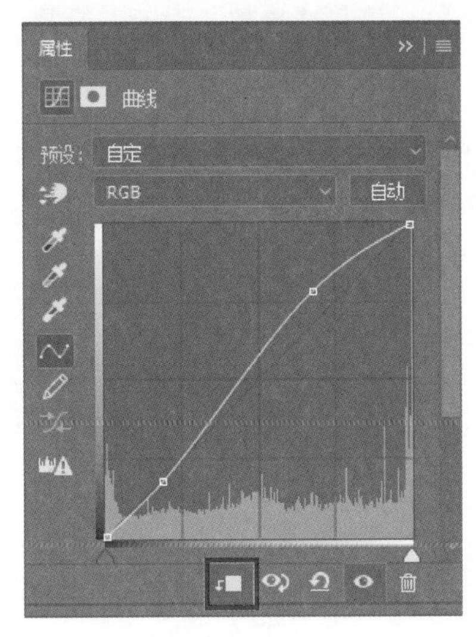

图 3-3

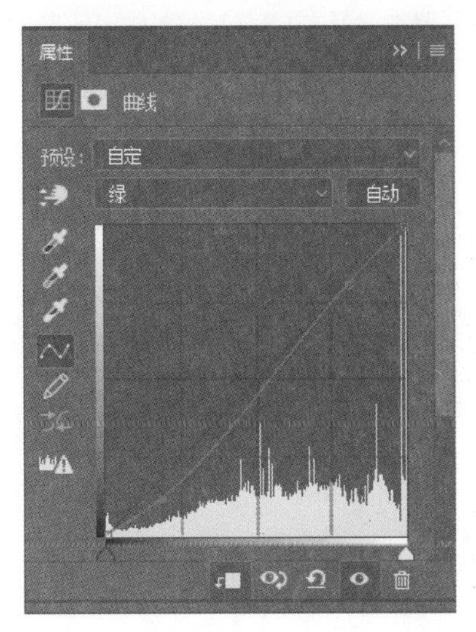

图 3-4

注意 : 此处要单击单独调整图层按钮，避免影响其余图层，如图中红框所示。

04 选中“菠萝”图层，按下快捷键 Ctrl+J 复制一个图层。选中“菠萝”图层，执行“图层 > 图层样式 > 颜色叠加”命令，颜色参数设置为黑色，在画布中把图像往下移动 10 像素（见图 3-5），形成图层的投影。

图 3-5

05 选中“菠萝”图层，执行“滤镜 > 模糊 > 高斯模糊”命令，将“半径”设置为“9.0”像素，形成模糊投影（见图 3-6）。使用快捷键 Ctrl+J 复制一个图层。选中“菠萝”图层，往下移动 20 像素。双击（见图 3-7）红框标出的“高斯模糊”，打开“参数”面板，设置“半径”值为“25”像素，单击“确定”完成设置。

图 3-6

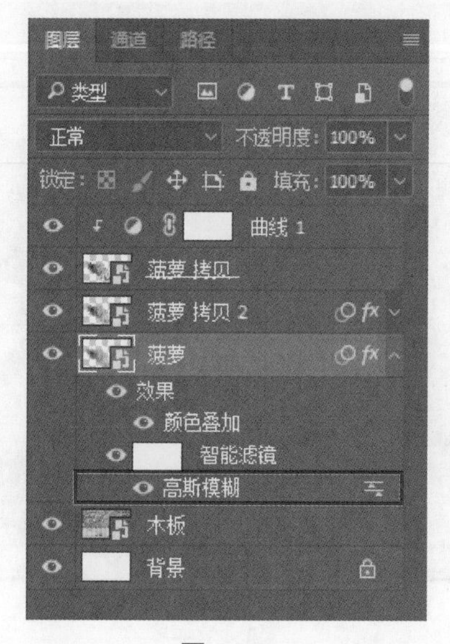

图 3-7

06 选中两个制作好“高斯模糊”的图层，把它们编组，重命名为“菠萝影子”（见图 3-8）。选中“菠萝影子”组，然后建立蒙版，用黑色画笔涂抹菠萝叶子下方的投影，把这些投影隐藏（见图 3-9）。

图 3-8

图 3-9

07 选中“曲线 1”图层，执行“文件 > 置入嵌入对象”命令，选择素材“猕猴桃 .png”，调节好尺寸，并按住 Ctrl 键，移动图像 4 个角的锚点，让图像发生扭曲（见图 3-10）。将图像移动到菠萝的切面上，然后按 Enter 键确定 （见图 3-11）。

图 3-10

图 3-11

08 关闭“猕猴桃”图层前的“眼睛”图标，使用“快速选择工具”，在菠萝切面上慢慢涂抹 (如选区超出想要的面积，可切换为快速选择的减去功能来调节选区面积），最终得到的选区如图 3-12 所示。执行“选择 > 修改 > 收缩”命令，参数设置为“15”像素，选区会整体缩小 15 像素（见图 3-13）。

图　3-12

图　3-13

09 打开“猕猴桃”图层前的“眼睛”图标，然后执行“图层 > 图层蒙版 > 显示选区”命令，往下移动 5 像素，使“猕猴桃”贴合得更自然（见图 3-14）。按住 Ctrl 键，单击“猕猴桃”图层的蒙版层，然后执行“选择 > 修改 > 扩展”命令，参数设置为“4”像素，使选区往外扩大（见图 3-15）。

图 3-14

图 3-15

10 选中“曲线 1”图层，然后使用快捷键 Ctrl+Shift+N，新建一个空白图层。设置前景色为#FCE572，使用快捷键 Alt+Delete，填充前景色到选区中（见图 3-16）。使用快捷键 Ctrl+D，取消选区并执行“图层 > 图层蒙版 > 显示全部”命令，给这个填充图层建立一个蒙版（见图 3-17）。

图　3-16

图　3-17

11 用黑色柔角画笔，将“不透明度”设置为“100%”，画笔大小设置为“35”像素（见图 3-18），涂抹两片菠萝衔接部分（见图 3-19），最后设置图层“不透明度”为“60%”，使画面融合自然。

图　3-18

图 3-19

12 按住 Ctrl 键，单击猕猴桃的蒙版层，然后使用快捷键 Ctrl+Shift+N，新建一个空白图层。使用黑色柔角画笔，将“不透明度”设置为“40%”，画笔大小设置为“250”像素（见图 3-20）。在选区内涂抹，形成内阴影（见图 3-21），最后把猕猴桃的相关图层进行编组，并命名为“猕猴桃切片”（见图 3-22）。

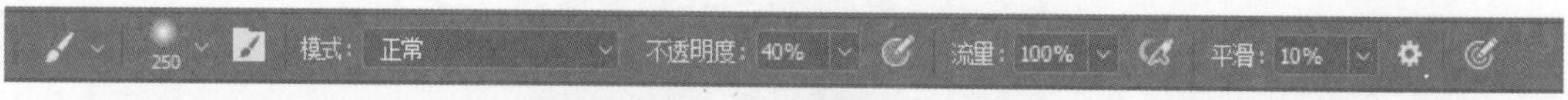

250 模式：正常 不透明度：40% 流量：100% 平滑：10%

图 3-20

图 3-21

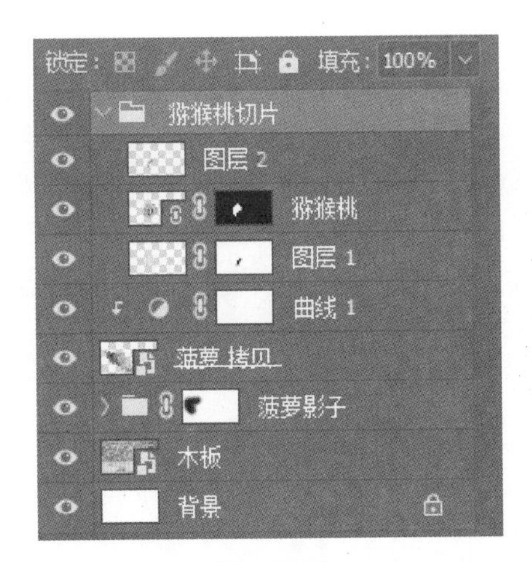

图　3-22

13 执行“文件 > 置入嵌入对象”命令，选择素材“西瓜 .jpeg”，调节角度后，覆盖在第二片菠萝上方，并按 Enter 键确定（见图 3-23）。

图　3-23

14 关闭“西瓜”图层前的“眼睛”图标，使用“快速选择工具”，在第二片菠萝上慢慢涂抹，绘制出最终的选区（见图 3-24）。执行“选择 > 修改 > 收缩”命令，把选区缩小 6 像素（见图 3-25）。

注意：对于超出的部分，请在工具属性栏中切换快速选择的减去功能，把超出的选区减掉

图 3-24

图 3-25

15 打开“西瓜”图层前的“眼睛”图标， 然后执行“图层 > 图层蒙版 > 显示选区”命令，向右移动 3 个像素，使“西瓜”图层贴合得更自然 （见图 3-26）。按住 Ctrl 键，单击西瓜的蒙版层，然后执行“选择 > 修改 > 扩展”命令，参数设置为“3”像素，使选区往外扩大（见图 3-27）。

图 3-26

图 3-27

16 选中“猕猴桃切片”组，使用快捷键 Ctrl+Shift+N，新建一个空白图层。设置前景色为 #FCE572，使用快捷键 Alt+Delete，填充前景色到选区中（见图 3-28）。使用快捷键 Ctrl+D，取消选区，并执行“图层 > 图层蒙版 > 显示全部”命令，给这个填充图层建立一个蒙版（见图 3-29）。

图 3-28

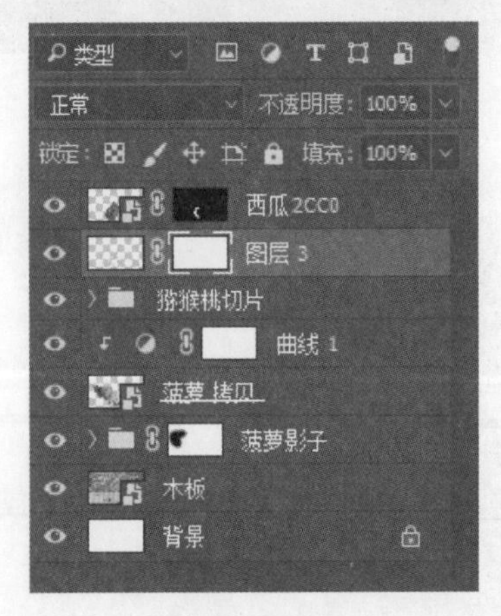

图 3-29

17 用黑色柔角画笔，将“不透明度”设置为“100%”，画笔大小设置为“35”像素（见图 3-30），涂抹两片菠萝衔接的部分（见图 3-31），最后设置图层的“不透明度”为“60%”，使画面融合自然。

图 3-30

图　3-31

18 为了方便图层管理，把与西瓜相关的图层进行编组，并命名为“西瓜切片”（见图 3-32）。

图　3-32

19 剩下的切片步骤与之前讲过的基本相同，后边内容将不再详细叙述制作过程。火龙果切片的最终效果如图 3-33 所示。

图 3-33

20 柠檬切片效果如图 3-34 所示。

图 3-34

21 西柚切片效果及最终完成效果如图 3-35 所示。

图　3-35

提示：本合成案例可训练读者对选区的使用能力，通过快速选择建立选区往往会不准确，这时，需要反复通过减去选区或添加选区的功能来修补选区面积，最终达到完美的效果。

案例 04　水立方化妆品

合成思路	运用剪贴蒙版完成水立方的制作，通过蒙版合成海浪素材和水立方。
合成难度	★★★★
合成关键点	水立方的制作、蒙版的运用、光源的控制。

01 执行“文件 > 新建”命令，在弹出的面板中，输入宽度“1600 像素”，高度“900”，分辨率“72 像素 / 英寸”，颜色模式“RGB 颜色　8 位”，背景内容“白色”（见图 4-1）。

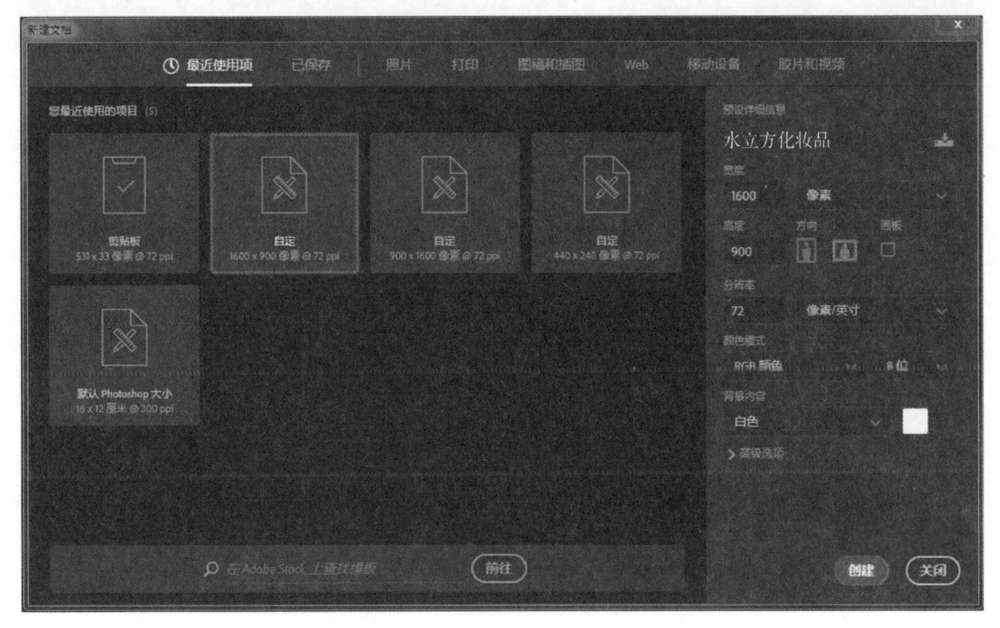

图　4-1

02 执行“图层 > 新建填充图层 > 纯色”命令，建立一个颜色为 #226DBA 的颜色填充层。使用调整面板中的曲线，并把曲线调节为如图 4-2 所示的效果。选中曲线层的蒙版，把前景色设置为黑色，使用快捷键 Alt+Delete，把蒙版填充为黑色。最后使用画笔，颜色设置为白色，“不透明度”设置为“100%”，画笔大小设置为“1100”像素，在画布中间单击（见图 4-3）。

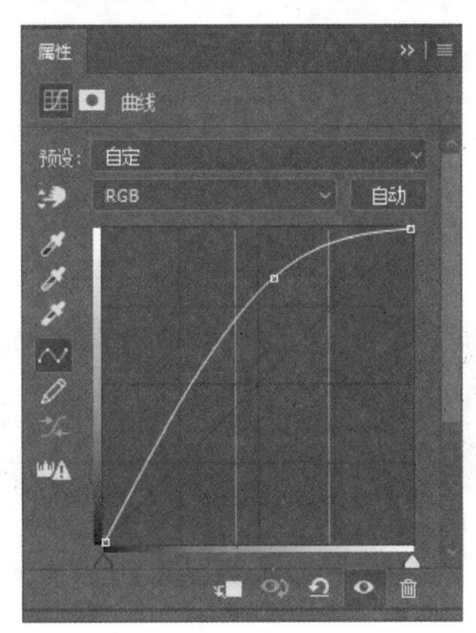

图　4-2

图 4-3

03 使用椭圆工具，绘制一个黑色的椭圆形（见图 4-4），使用矩形工具，绘制一个黑色矩形（见图 4-5），在画布上将矩形和椭圆形移动到一起，然后选中它们的图层，执行“图层 > 合并形状 > 统一形状”命令，把两个形状合二为一，此时，它们的图层变成了一个（见图 4-6）。

图 4-4

图　4-5

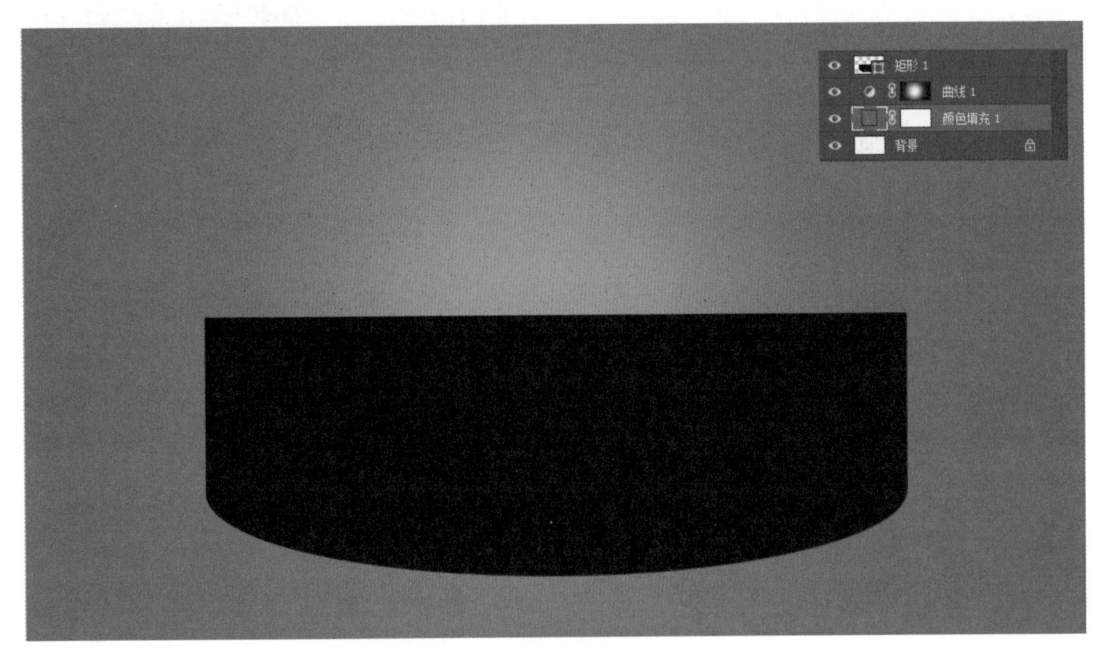

图　4-6

04 选中“矩形 1”图层，使用快捷键 Ctrl+J 复制该图层，并命名为“水立方影子”（见图 4-7）。执行“图层 > 智能对象 > 转换为智能对象”命令，把该图层变成智能对象图层，然后执行“滤镜 > 模糊 > 高斯模糊”命令，参数设置为“6.6”像素，按两次快捷键 Shift+ ↓，使影子与水立方主体稍微分开，最终形成影子效果（见图 4-8）。

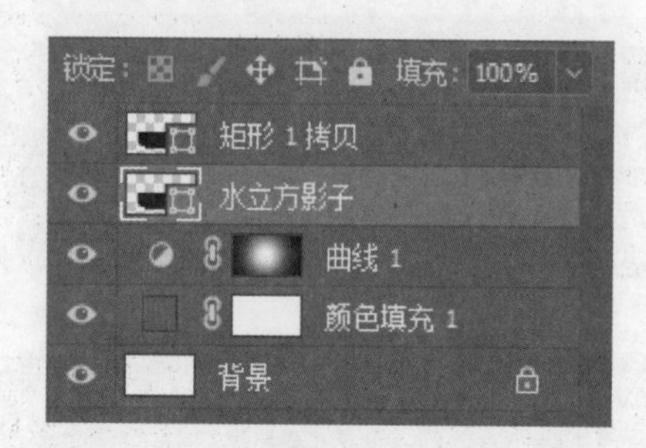

图 4-7

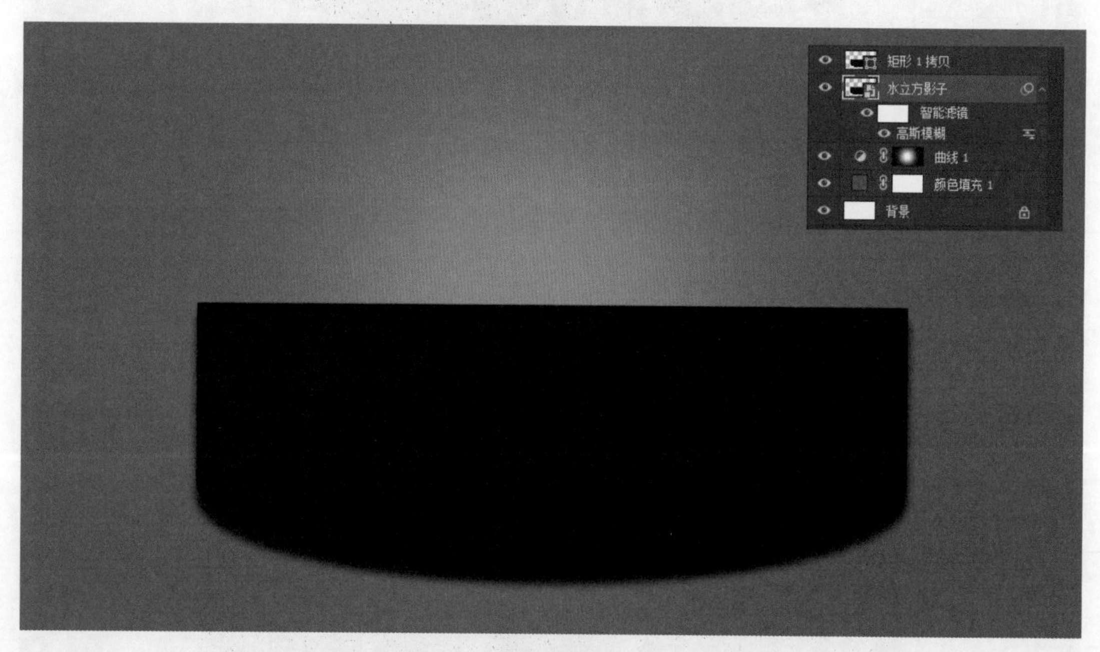

图 4-8

05 使用钢笔工具绘制一个三角形（见图 4-9），执行“图层 > 智能对象 > 转换为智能对象”命令，把该图层变成智能对象图层。然后执行“滤镜 > 模糊 > 高斯模糊”命令，参数设置为“34”像素，再把三角形图层移到“水立方影子”图层的下方（见图 4-10），把该图层“不透明度”设置为“70%”，最后把图层命名为“水立方投影”（见图 4-11）。

图　4-9

图　4-10

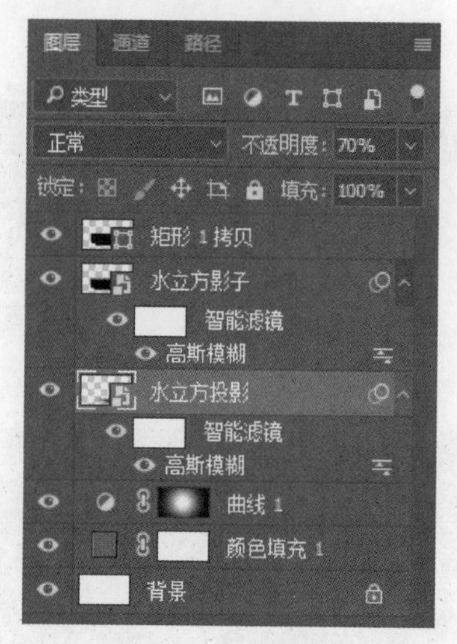

图 4-11

06 选中“矩形 1 拷贝”图层，执行“文件 > 置入嵌入对象”命令，选择素材“海洋 .jpg”，并移到如图 4-12 所示的位置。使用快捷键 Alt+Ctrl+G，制作剪贴蒙版，把“海洋”图层贴入下层的形状中。为了方便管理图层，把与水立方有关的图层都进行编组，并重新命名为“水立方下部分”组（见图 4-13）。

图 4-12

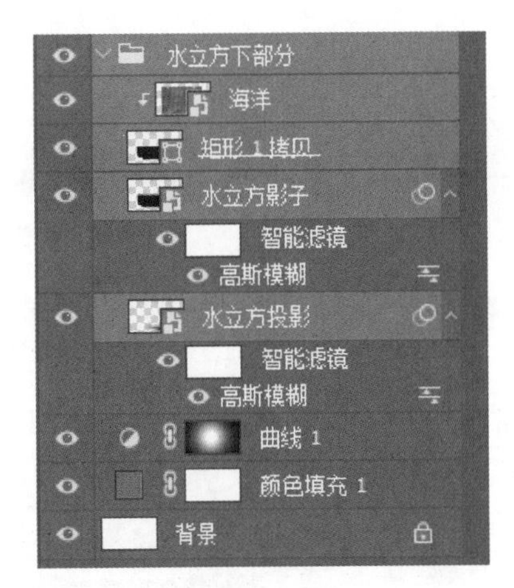

图　4-13

07 用椭圆工具绘制一个椭圆形，并放置在与下层的结合处（见图 4-14），执行“文件 > 置入嵌入对象”命令，选择素材“海面 .jpg”，将其移到图中的位置。执行“编辑 > 变换 > 透视”命令，把海面变形（见图 4-15），使用快捷键 Alt+Ctrl+G，制作剪贴蒙版，把“海面”图层贴入椭圆形状中（见图 4-16）。

图　4-14

图 4-15

图 4-16

08 使用“调整”面板中的 " 色彩平衡 "，设置相关参数（见图 4-17），调色后使海面和海底融合得更好 （见图 4-18）。

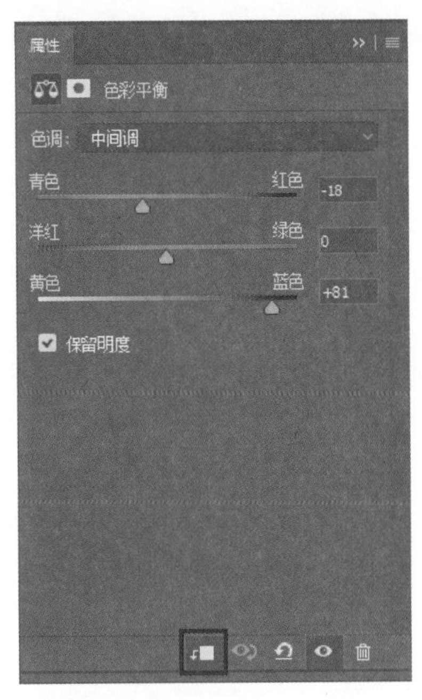

图　4-17

注意 : 此处要单击单独调整图层按钮，避免调色时影响其余图层，如图 4-17 中红框所示。

图　4-18

09 执行“文件 > 置入嵌入对象”命令，分别置入素材 “山峰.png” “岩石.png”“瀑布.png”（见图 4-19），摆放形成画面效果（见图 4-20）。

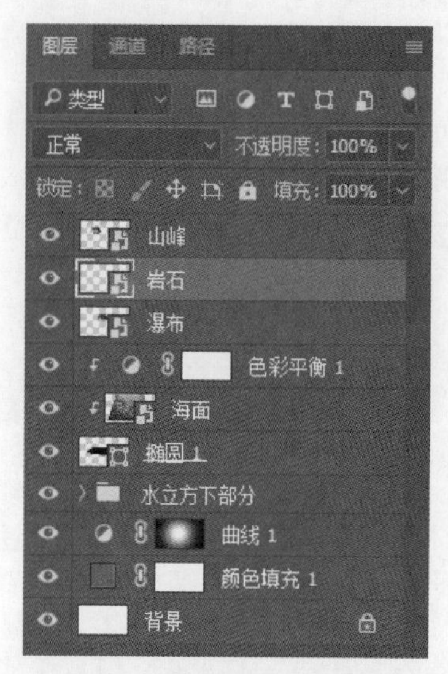

图 4-19

图 4-20

注意：本书中大部分的抠图已经由作者完成，目的是让读者能更好地专注于合成和调色的学习。

10 选中“山峰”图层，执行“文件 > 置入嵌入对象”命令，置入“化妆品 .png”图层（见图 4-21）。新建一个空白图层，命名为“水下的化妆品”，设置前景色为 #035DBF，使用柔角画笔，将“不透明度”设置为“100%”，涂抹水底部分（见图 4-22）。

图　4-21

图　4-22

11 选中“水下的化妆品”图层，使用快捷键 Ctrl+Alt+G，把图层贴入下层的“化妆品”图层中，再把图层的混合模式修改为“正片叠底”，最后设置图层的“不透明度”为“70%”（见图 4-23），形成水底效果（见图 4-24）。

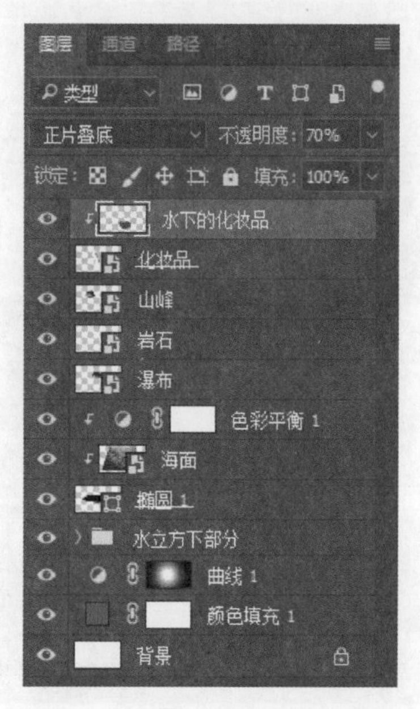

图 4-23

图 4-24

12 执行“文件 > 置入嵌入对象”命令，分别置入素材“浪花 1.png”“浪花 2.png”“浪花 3.png”，并放置在如图 4-25 所示位置。再执行“文件 > 置入嵌入对象”命令，分别置入素材“海浪 1.png”“海浪 2.png”，放置在如图 4-26 所示位置。

图　4-25

图　4-26

13 把“海浪”和“海浪 2”图层编组，重新命名为“海浪”组，使用调整面板中的“色彩平衡”，设置参数，使海浪的颜色变得统一（见图 4-27 和图 4-28）。

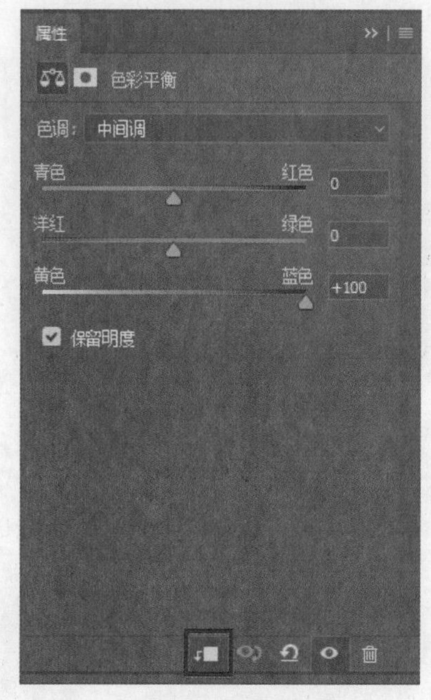

图 4-27

图 4-28

14 选中“色彩平衡 2”图层，执行“文件 > 置入嵌入对象”命令，置入素材“帆船 .png”，并拖放到如图 4-29 所示位置。 执行“文件 > 置入嵌入对象”命令，置入素材“阳光 .png”，并把它的图层混合模式改为“滤色”（见图 4-30），形成总体效果（见图 4-31）。

图 4-29

图层　通道　路径
类型
滤色　不透明度：100%
锁定：　填充：100%
阳光
帆船
色彩平衡 2
海浪
浪花3
浪花2
浪花1

图 4-30

图 4-31

15 将与海面有关的所有图层进行编组，并重新命名为“海面元素”组（见图 4-32）；将与水立方有关的图层编组，并命名为“水立方”组（见图 4-33）；将与背景有关的图层进行编组，并命名为“背景”组（见图 4-34），最终完成合成设计。

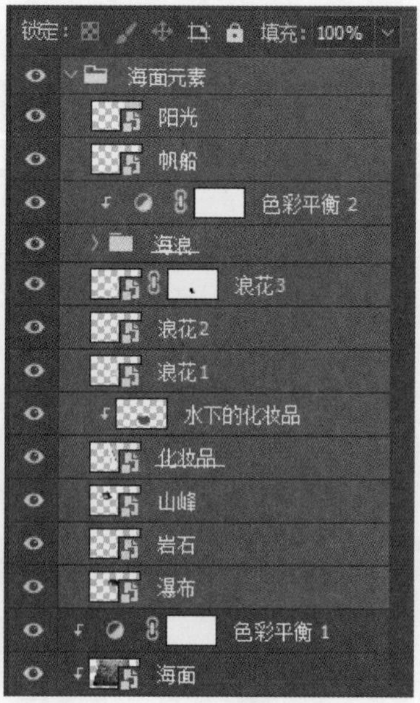

图 4-32

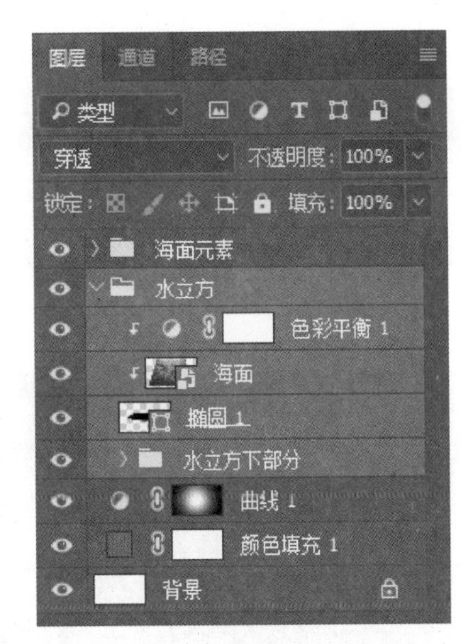

图　4-33

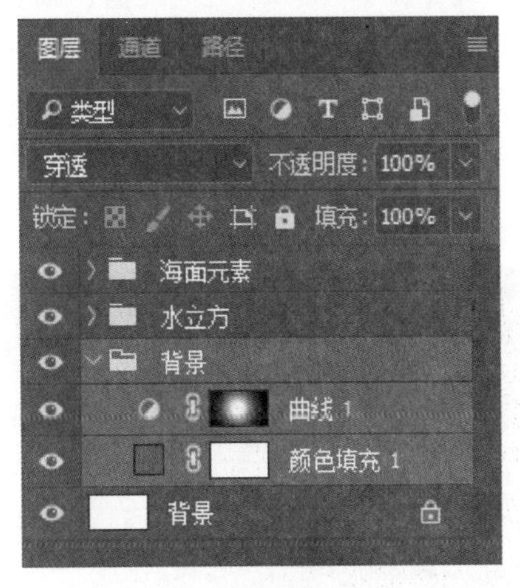

图　4-34

提示： 本合成案例主要训练读者的调色能力，在水立方的形状制作环节中，最关键的是形状的合并，可根据实际掌握情况反复练习。

案例 05　酷炫跑鞋

合成思路	掌握双色混合的技巧，给舞台创造光效，再把光效运用在跑鞋上达到科幻又酷炫的效果。
合成难度	★★★
合成关键点	跑鞋光影制作、色彩平衡制作光效、舞台制作。

01 执行“文件 > 新建”命令，在弹出的面板中，输入宽度“1600 像素”，高度“900”，分辨率“72 像素 / 英寸”，颜色模式“RGB 颜色 8 位”，背景内容“白色”（见图 5-1）。

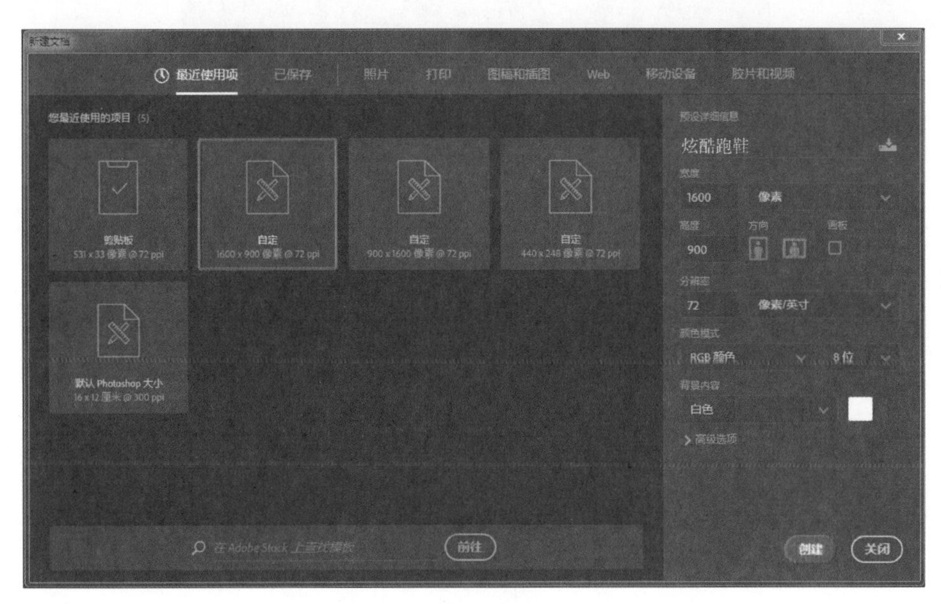

图 5-1

02 把前景色设置为 #060928，使用快捷键 Alt+Delete，给背景图层填充前景色，使用“矩形选框工具”，在画布下方绘制一个矩形（见图 5-2）。新建空白图层，命名为“舞台”，前景色保持不变，把背景色设置为 #FFFFFF，然后选中“渐变工具”，设置它的渐变参数（见图 5-3），按住 Shift 键，使用“渐变工具”从下往上拉出渐变色，填充在选区内（见图 5-4）。

图 5-2

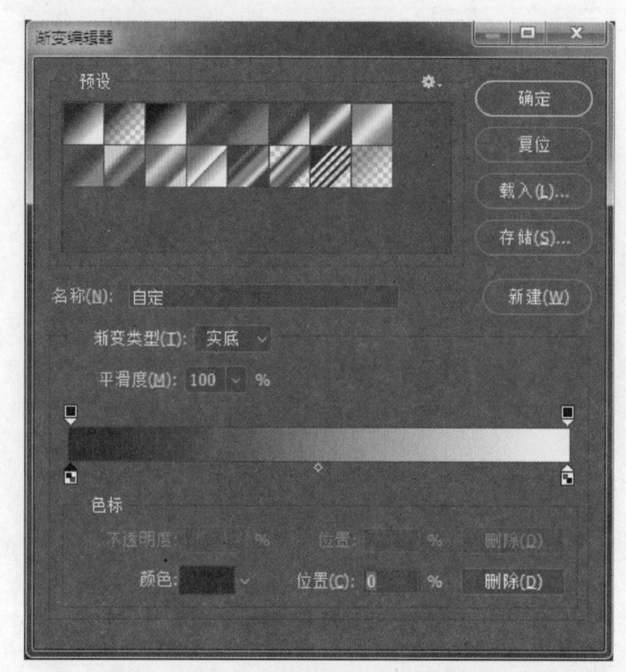
渐变编辑器
预设
确定
复位
载入(L)...
存储(S)...
名称(N): 自定
新建(W)
渐变类型(T): 实底
平滑度(M): 100 %
色标
不透明度: % 位置: % 删除(D)
颜色: 位置(C): 0 % 删除(D)

图 5-3

图 5-4

03 选中“舞台”图层并建立蒙版，再选中“渐变工具”，设置渐变工具的颜色（见图 5-5），从左向右，拉出一条渐变色。使蒙版两头为黑色，中间是白色，并把图层“不透明度”设置为“20%”（见图 5-6）。

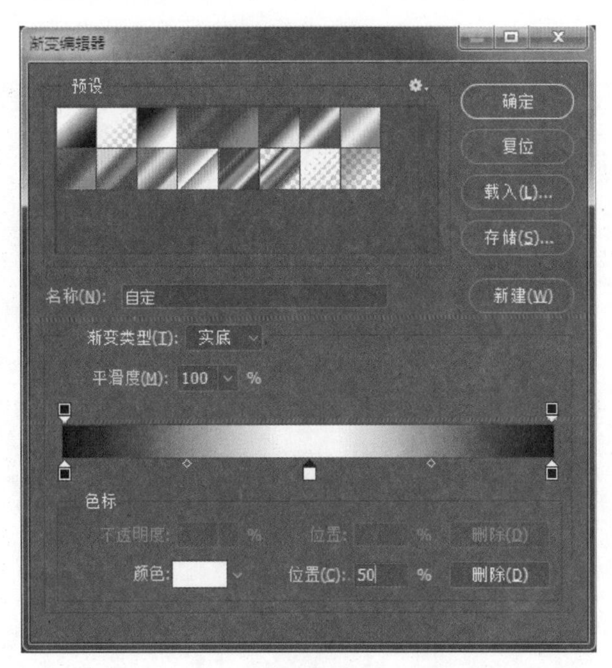

图　5-5

图　5-6

04 选中“舞台”图层，使用快捷键 Ctrl+J，复制新图层。选中新复制的图层后，执行“图层 > 智能对象 > 转换为智能对象”命令，把普通图层转换为智能对象图层。使用快捷键 Ctrl+T，进入自由变换状态，在图像上右击，在弹出菜单中选择“垂直翻转”，再移动图像，并将其高度压缩（见图 5-7）。完成修改后，把图像移到下方，留出 2 像素的距离（见图 5-8）。

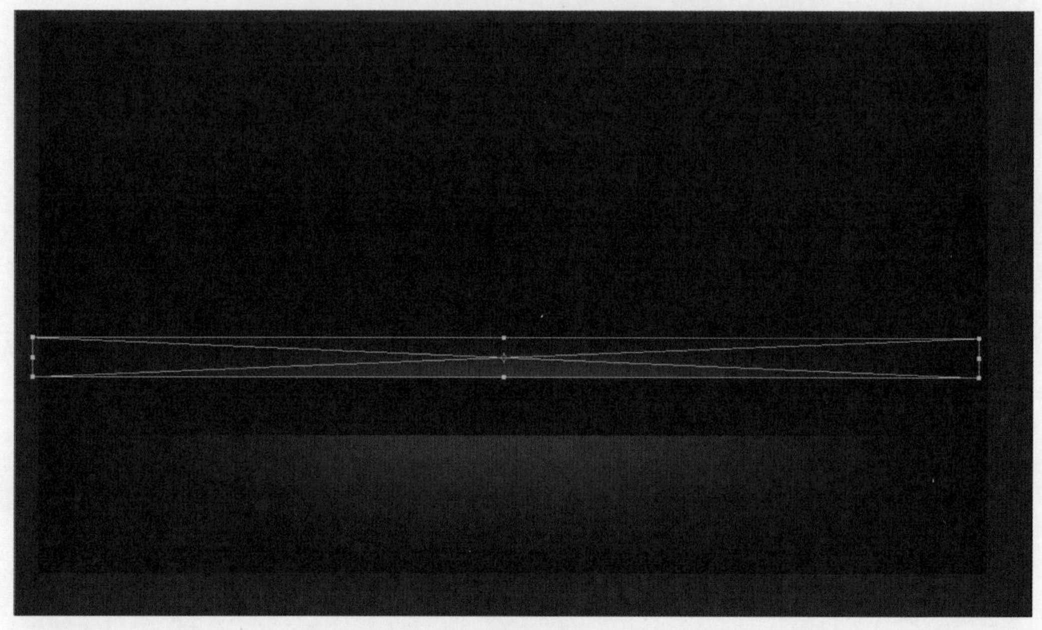

图 5-7

图 5-8

05 用矩形工具绘制一个长方形，使用快捷键 Ctrl+T，进入自由变换状态，然后按住 Ctrl 键并移动矩形上方的角点，使长方形变成梯形（见图 5-9）。执行“图层 > 智能对象 > 转换为智能对象”命令，把图层“不透明度”设置为“50%”，最后执行“滤镜 > 模糊 > 高斯模糊”命令，把参数设置为“33”像素，使图像变成一道聚光，最后的效果如图 5-10 所示。

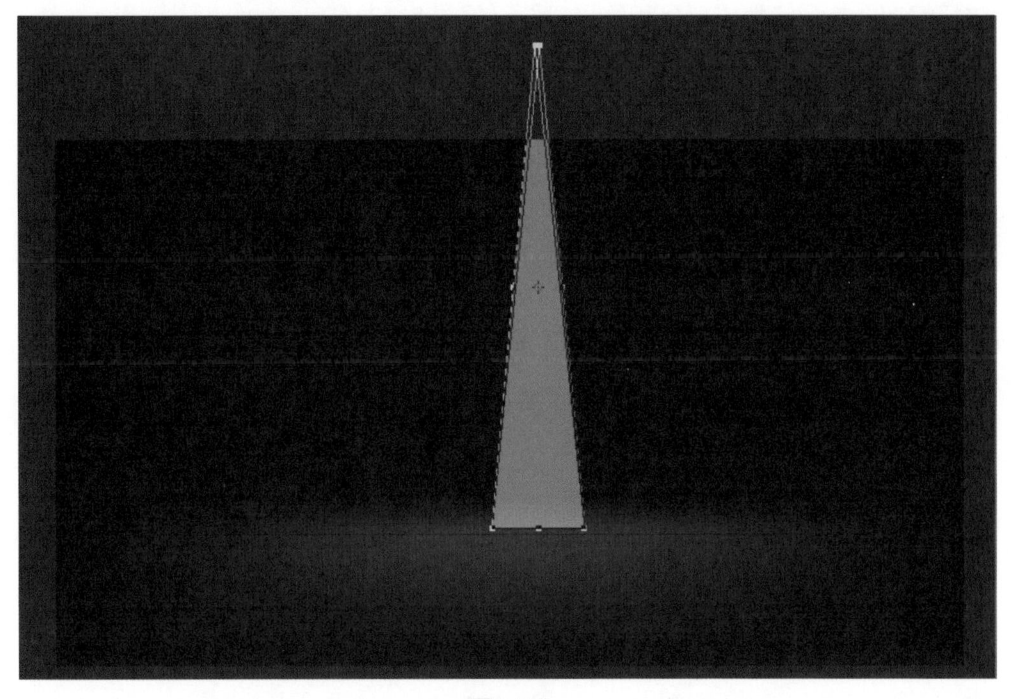

图　5-9

图　5-10

06 选中“矩形 1”图层，使用快捷键 Ctrl+J 复制图层，然后使用快捷键 Ctrl+T，进入自由变换状态。按住 Alt 键，水平拖动梯形下方的角点，使其面积变宽，最后设置图层“不透明度”为“30%”（见图 5-11）。再按上述相同方法，制作新的聚光灯效果，其面积要比前两个都大，将“不透明度”设置为“15%”（见图 5-12）。为了方便管理图层，将和物体灯光相关的图层进行编组，并命名为“舞台和聚光灯”（见图 5-13）。

图 5-11

图 5-12

图 5-13

07 置入素材“跑鞋.png”并移到如图 5-14 所示位置。使用调整面板中的“曲线”并设置参数（见图 5-15）。用黑色画笔涂抹“跑鞋”的上半部分，使跑鞋的黑白光影对比强烈，达到提高质感的效果（见图 5-16）。再次使用“曲线”设置参数（见图 5-17），使跑鞋的对比度提高，此时跑鞋的质感也提高了，最终效果如图 5-18 所示。

图 5-14

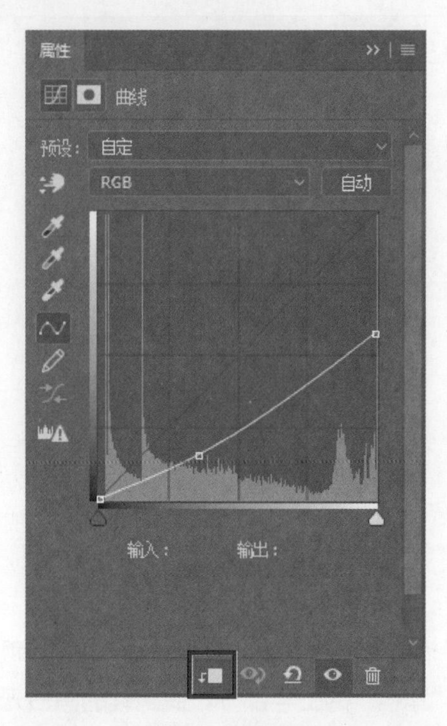

图 5-15

注意：此处要单击单独调整图层按钮，避免调色时影响其余图层，如图 5-15 中红框所示。

图 5-16

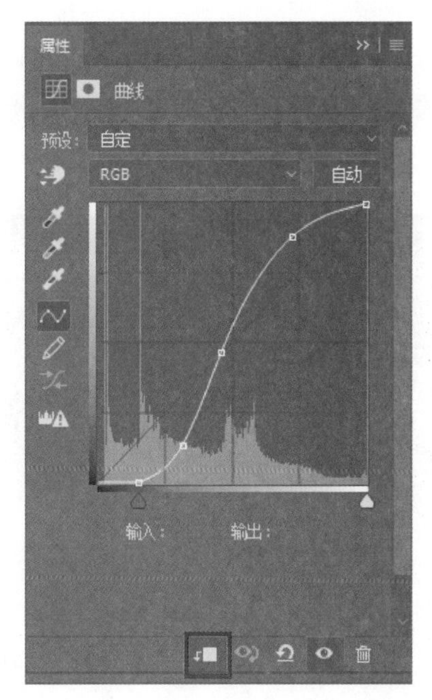

图　5-17

图　5-18

08 选中“跑鞋”图层，使用快捷键 Ctrl+J 复制一个图层，选中“跑鞋”图层，使用快捷键 Ctrl+T，在图像上右击，在弹出的菜单中选择“垂直翻转”，让跑鞋颠倒位置，并移到如图 5-19 所示的位置上，并设置图层的“不透明度”为“7%”，在图层上建立蒙版，用黑色画笔涂抹跑鞋后半部分（见图 5-20），形成鞋子的底部倒影。

图 5-19

图 5-20

09 将所有与跑鞋有关的图层进行编组，命名为“跑鞋”（见图 5-21）。置入素材“烟雾”，放置到如图 5-22 所示的位置，用“选区”工具选择图像的上半部分（见图 5-23）。最后执行“图层 > 图层蒙版 > 显示选区”命令，给“烟雾”图层建立蒙版（见图 5-24）。

图　5-21

图　5-22

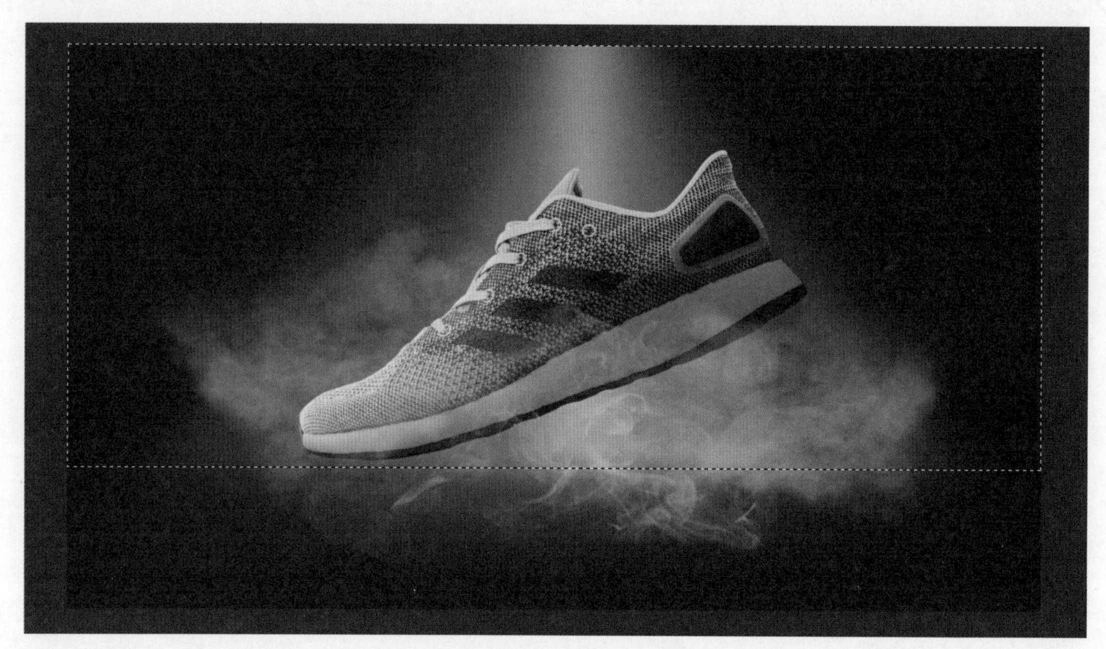

图 5-23

图 5-24

10 使用“调整”面板里的“色彩平衡”设置参数（见图 5-25）。选中“烟雾”的蒙版后使用黑色画笔涂抹右半部分，这样就能达到只有左半部分改色的效果（见图 5-26）。再次使用“调整”面板里的“色彩平衡”并设置参数（见图 5-27）。选中“烟雾”蒙版的同样使用黑色画布涂抹左半部分，这样就能达到双色效果（见图 5-28）。

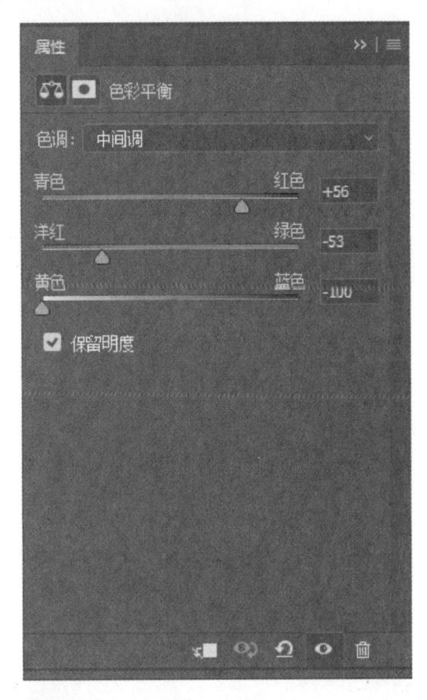

图　5-25

图　5-26

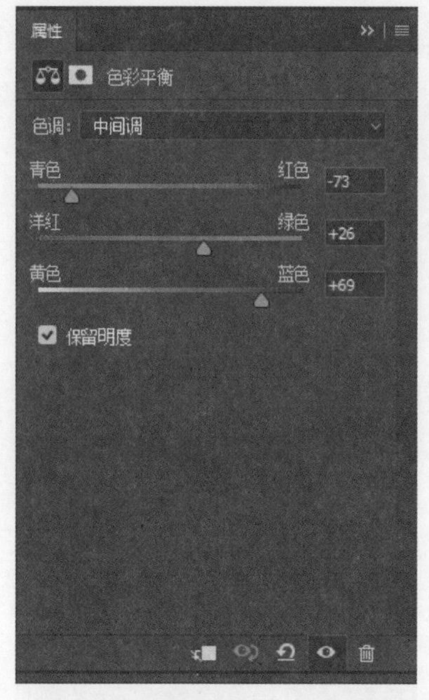
属性
色彩平衡
色调: 中间调
青色
红色
-73
洋红
绿色
+26
黄色
蓝色
+69
保留明度

图 5-27

锁定:
填充: 100%
色彩平衡 2
色彩平衡 1
烟雾
跑鞋
舞台和聚光灯
背景

图 5-28

11 使用“调整”面板中的“色阶”参数设置（见图 5-29），这样设置是为了压暗右边蓝色。完成后形成如图 5-30 所示的效果。

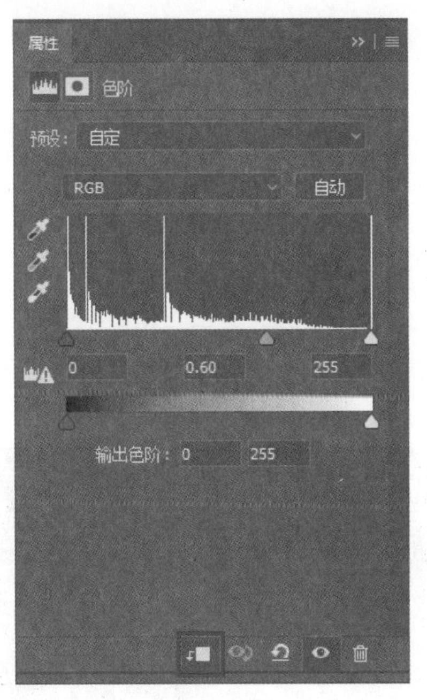

图 5-29

注意：此处要单击单独调整图层按钮，避免调色时影响其余图层，如图 5-29 中红框所示。

图 5-30

12 为了方便管理，将“烟雾”和相关调色图层进行编组，命名为“调色”（见图 5-31）。到此完成了最终设计效果（见图 5-32）。

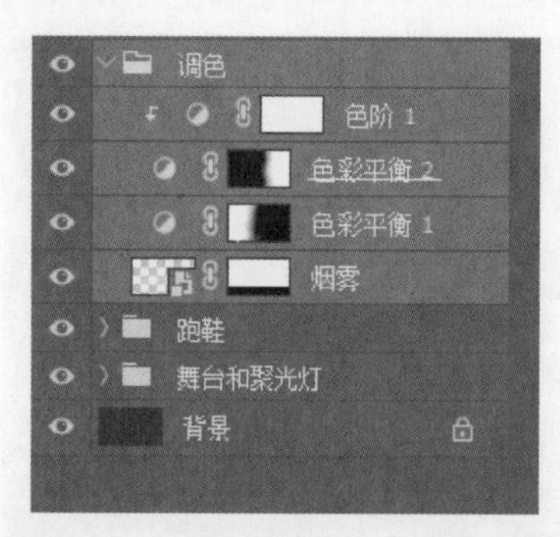

图 5-31

图 5-32

提示：在视觉后期中经常会使用曲线加强物品质感，本案例曲线的用法也是起到加强质感的作用。在本案例中，还通过“色彩平衡”进行上色，并通过蒙版进行双色混合，这个技巧非常实用。

案例 06　土立方背包合成

合成思路	本案例通过矩形绘制立方体，并使用剪贴蒙版贴入草地和泥土，再用 134 号画笔修饰草堆。
合成难度	★★★★
合成关键点	134 号画笔的大小和角度调节、剪贴蒙版的运用。

01 执行“文件 > 新建”命令，在弹出的面板中，输入宽度“1600 像素”，高度“900”，分辨率“72 像素 / 英寸”，颜色模式“RGB 颜色　8 位”，背景内容“白色”（见图 6-1）。

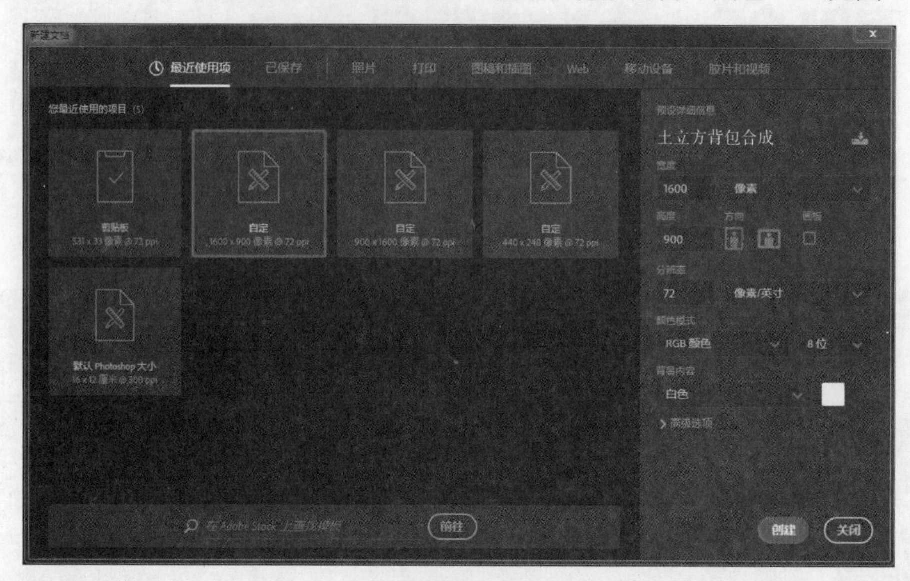

图　6-1

02 设置前景色为 #1E3E6A，使用快捷键 Alt+Delete，给背景画布填充前景色。使用“调整”面板里的“曲线”进行参数设置（见图 6-2）。把前景色设置为 #000000，选中“曲线”的蒙版，然后使用快捷键 Alt+Delete，给蒙版填充黑色。再设置前景色为 #FFFFFF，使用画笔并设置画笔大小为“1600 像素”，在画布上方单击（见图 6-3）。

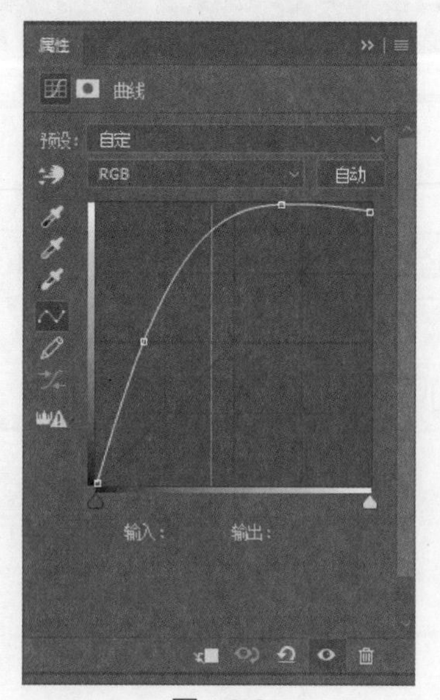

图　6-2

图　6-3

03 使用“矩形工具”绘制一个长方形，然后使用快捷键 Ctrl+T 进入自由变换状态，接着在图像上右击，在弹出的菜单中选择“扭曲”，对长方形进行调节（见图 6-4）。使用快捷键 Alt+Delete，复制一个图层。选择下方的图层，执行“图层 > 智能对象 > 转换为智能对象”命令，把图层转换成智能对象。再执行“滤镜 > 模糊 > 高斯模糊”命令，参数设置为“45”像素。使用图层样式里的“颜色叠加”，给智能对象图层进行上色，将颜色设置为 #0C0C0C，把图层往下移动至如图 6-5 所示的位置。

图　6-4

图 6-5

04 置入素材“草地 .jpeg”，放置到如图 6-6 所示的位置，并调节其大小。使用快捷键 Ctrl+Alt+G，创建剪贴蒙版，使草地贴入下层的形状中。用“矩形工具”绘制一个长方形，然后使用快捷键 Ctrl+T 进入自由变换状态，接着在图像上右击，在弹出的菜单中选择“扭曲”，对长方形进行调节 （见图 6-7）。置入素材“泥土 .png”，覆盖在长方形表面，然后使用快捷键 Ctrl+Alt+G，创建剪贴蒙版，将泥土贴入下方的长方形中（见图 6-8）。

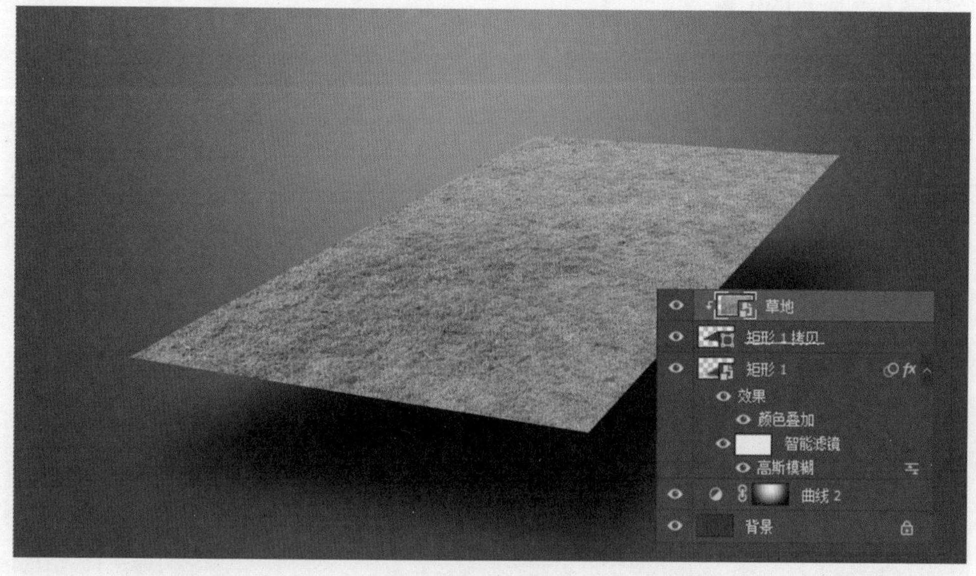

图 6-6

图　6-7

图　6-8

05 使用“矩形工具”绘制另外一边的长方形，并使用自由变换改变其形状（见图 6-9）。置入素材“泥土 .png”，调整好位置和角度，然后使用快捷键 Ctrl+Alt+G 创建剪贴蒙版，使泥土贴入长方形中（见图 6-10）。

图 6-9

图 6-10

06 置入素材“草地 .jpeg”，调节位置和形状（见图 6-11）。执行“图层 > 图层蒙版 > 隐藏全部”命令，把草地图像隐藏起来。选中画笔工具，然后执行“窗口 > 画笔设置”命令，打开“画笔设置”面板，找到 134 号画笔并设置画笔前景色为白色（见图 6-12）。然后围着土立方进行涂抹，涂抹过程中要适当调整画笔的角度，也要适当改变画笔的大小，涂抹完成后形成如图 6-13 所示的效果。

图　6-11

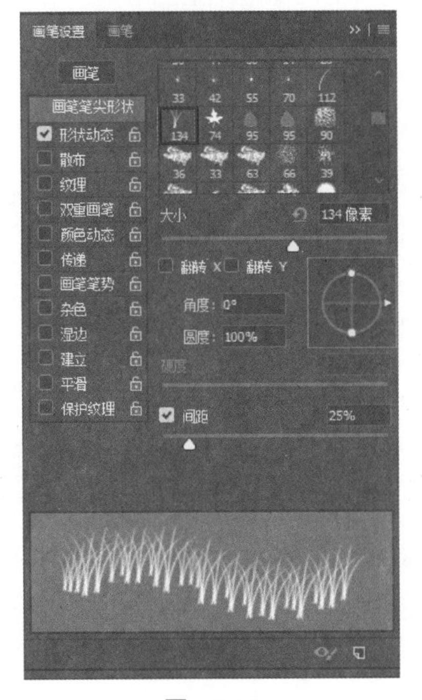

图　6-12

图 6-13

07 置入素材“背包 .png”，放置到如图 6-14 所示的位置。执行“图层 > 图层蒙版 > 显示全部”命令，给背包建立一个蒙版，然后使用刚设置好的 134 号画笔，设置前景色为黑色，涂抹背包底部，使背包底部长满杂草，涂抹过程中要时常改变画笔的大小和角度（见图 6-15）。

图 6-14

图　6-15

08 分别置入素材“狮子 .png”“树 .png”“碎土 .png”，放置到如图 6-16 所示位置。为了方便图层管理，选中“背包”“树”“狮子”图层进行编组，并命名为“背包”（见图 6-17）。把剩下的图层进行编组，命名为“土立方”（见图 6-18）。

图　6-16

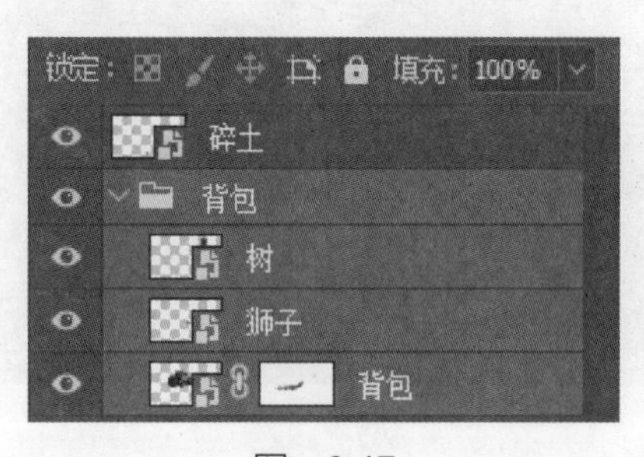

图 6-17

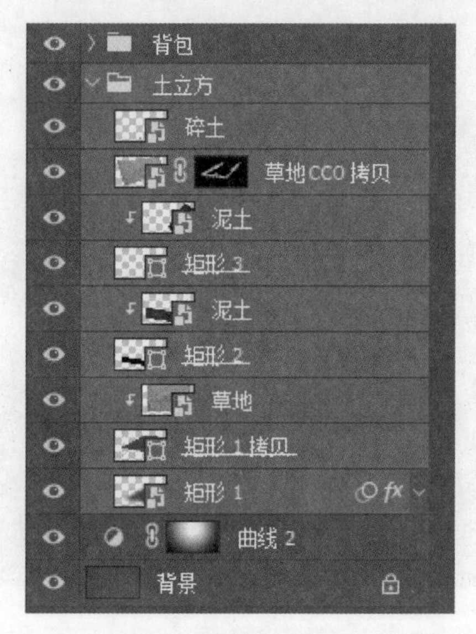

图 6-18

09 选中“土立方”组，使用“调整”面板的“色彩平衡”并设置参数（见图 6-19 和图 6-20），最终完成“土立方背包”合成效果制作（见图 6-21）。

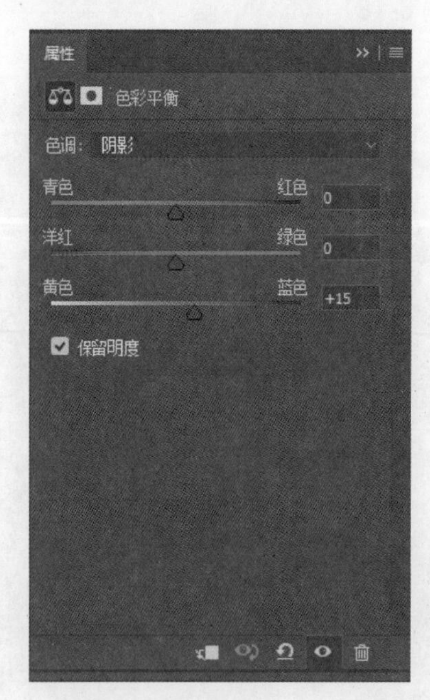

图 6-19

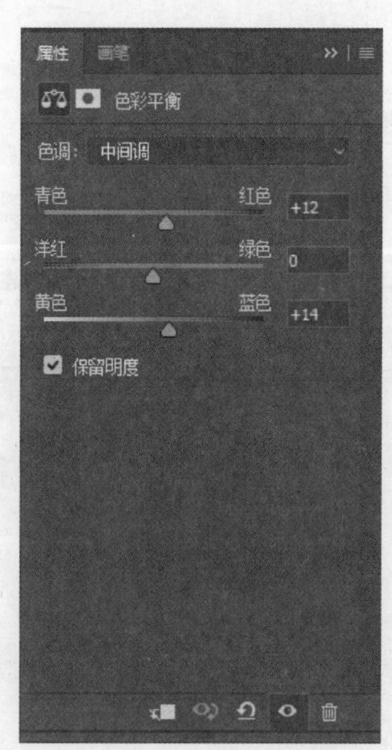

图 6-20

图　6-21

提示：

本篇案例中画笔的调节和使用可观看视频教程，视频中详细演示了绘制过程。

案例 07　麻辣小龙虾

合成思路	本案例通过制造聚光效果和运用火焰素材，打造麻辣小龙虾的视觉突出感，通过飞散带有运动模糊的素材加强焦点的视觉冲击力。
合成难度	★★★★
合成关键点	图层样式的混合选项、隐藏火焰素材的背景、动感模糊的运用。

01 执行“文件 > 新建”命令，在弹出的面板中，输入宽度“1600 像素”，高度“900”，分辨率“72 像素 / 英寸”，颜色模式“RGB 颜色　8 位”，背景内容“白色”（见图 7-1）。

图　7-1

02 置入素材“木板 - 竖 .png”和“木板 - 横 .png”，如图 7-2 所示，摆放两个素材。使用“调整”面板里的“曝光度”进行参数设置（见图 7-3）。使用黑色画笔，在曝光度图层的蒙版上单击（见图 7-4），使画布的木板形成聚光效果（见图 7-5）。

图　7-2

属性
曝光度
预设：自定
曝光度：-10.67
位移：0.0000
灰度系数校正：1.00

图 7-3

锁定：
填充：100%
曝光度 1
木板-横
木板-竖
背景

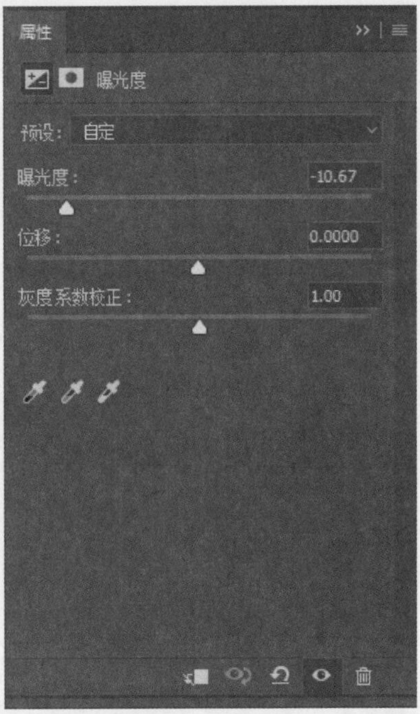

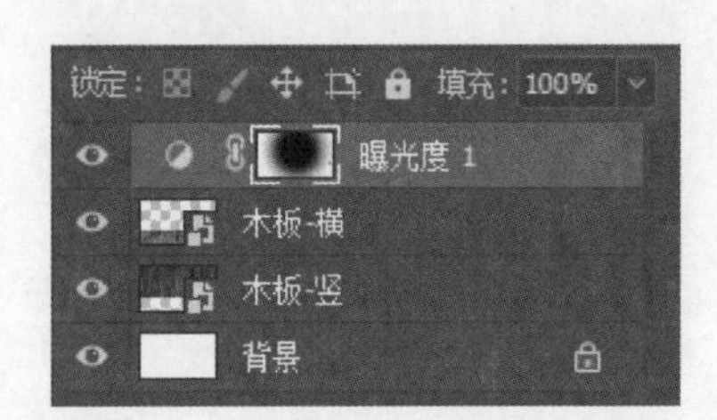

图 7-4

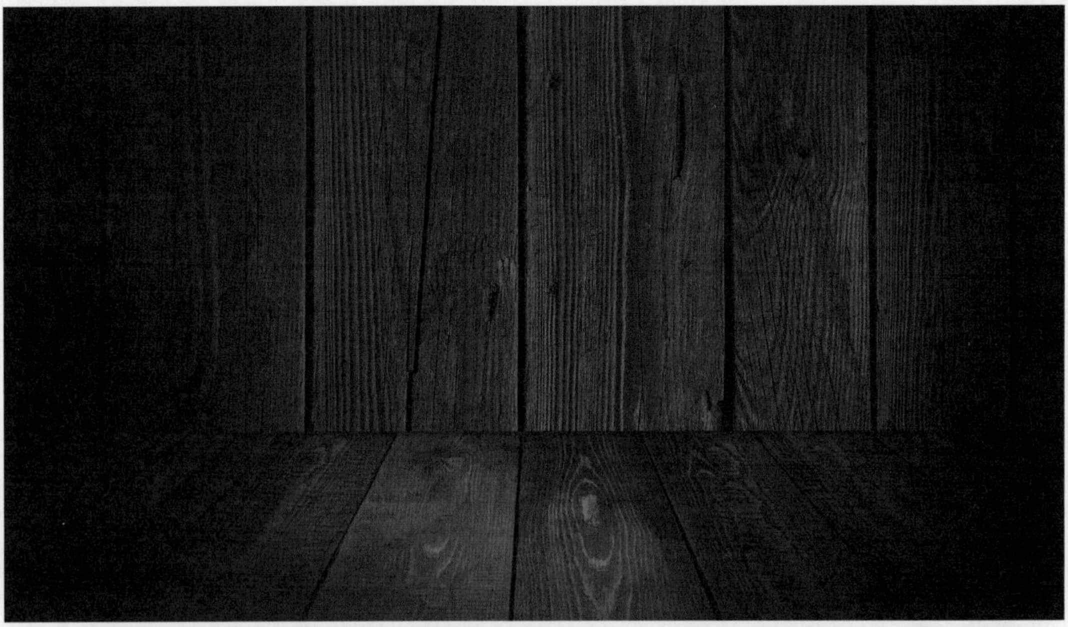

图 7-5

03 使用“调整”面板的“曲线”并设置相关参数（见图 7-6 和图 7-7），调整后出现如图 7-8 所示的效果。新建一个空白图层，使用白色的画笔在画布中央区域单击，并把图层的混合模式设置为“柔光”，整个木板搭建的舞台就做好了，完成后形成如图 7-9 所示的效果。

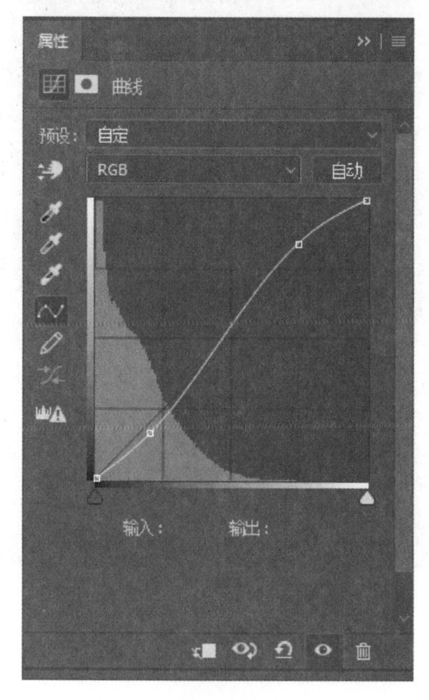

图　7-6

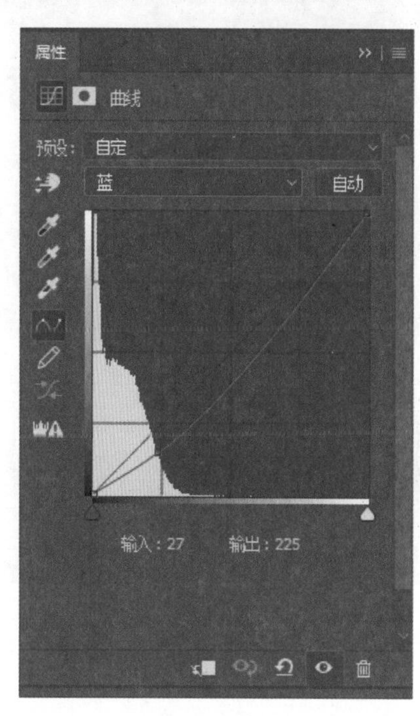

图　7-7

图　7-8

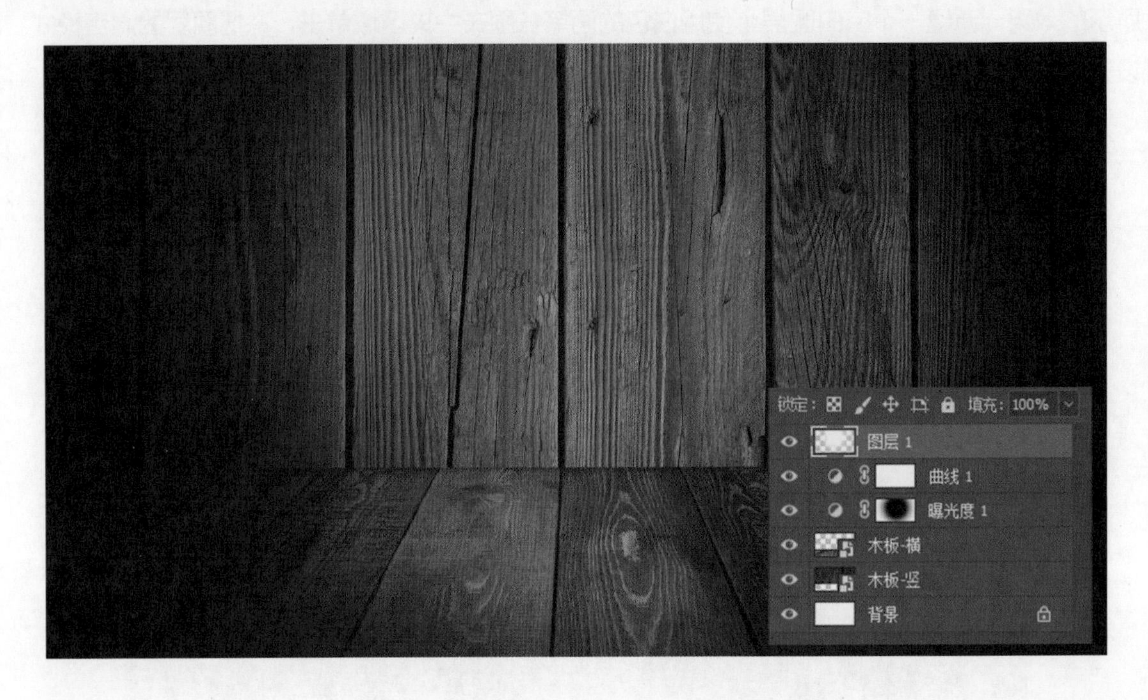

图 7-9

04 选中所有背景相有关的图层，使用快捷键 Ctrl+G 编组，并命名为“木板背景”组（见图 7-10），置入素材“小龙虾 .png”，放置到如图 7-11 所示位置。

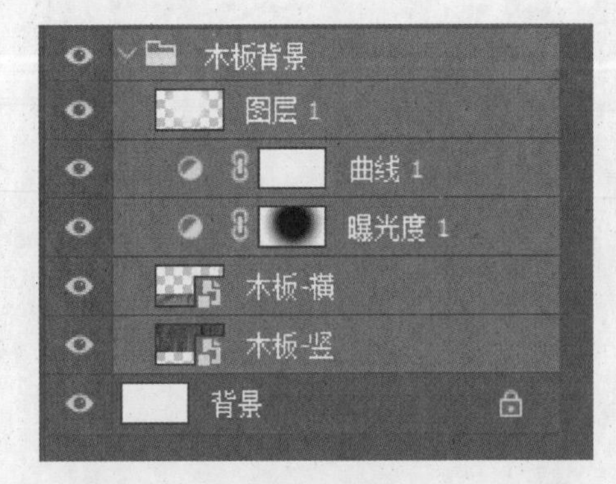

图 7-10

图 7-11

05 选中“木板背景”组，然后新建一个空白图层，命名为“影子”，使用椭圆工具绘制一个椭圆（见图 7-12）。执行“滤镜 > 转化为智能滤镜”命令，再执行“滤镜 > 模糊 > 高斯模糊”命令，参数设置为“45”像素，完成阴影的制作。选中“影子”图层，置入素材“蔬菜 .png”，放置在如图 7-13 所示的位置。

图 7-12

图 7-13

06 选中“蔬菜”图层，置入素材“火焰 .jpg”，将其旋转一定角度并移到如图 7-14 所示的位置。选中“火焰”图层，执行“图层 > 图层样式 > 混合选项”命令，在打开的面板中调节混合颜色带（见图 7-15）。按住 Alt 键，移动三角滑块，可将滑块分成两半，形成如图 7-16 所示的效果。

图 7-14

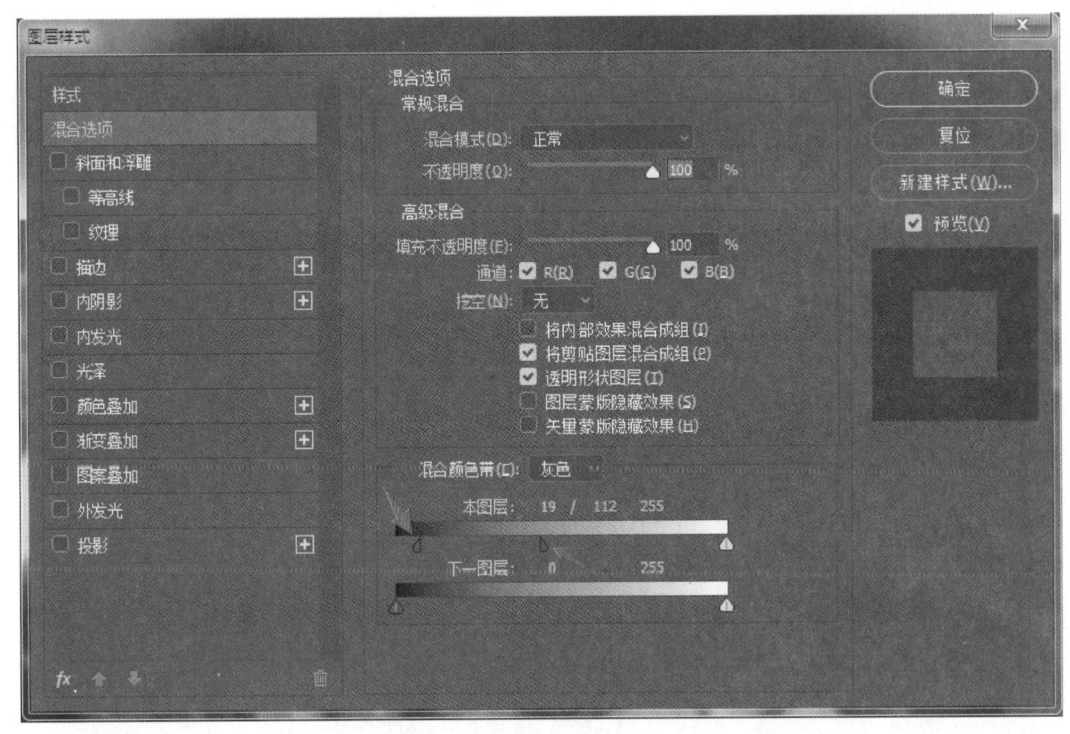

图　7-15

注意：按住 Alt 键，移动三角滑块，可将滑块分成两半，这样设置的方式会得到过渡更自然的火焰。

图　7-16

07 选中“小龙虾”图层，置入素材“火焰 2.jpg”，旋转一定角度并移到如图 7-17 所示的位置。执行“图层 > 图层样式 > 混合选项”命令，在打开的面板中调节混合颜色带（见图 7-18）。执行“图层 > 图层蒙版 > 显示全部”命令，给“火焰 2”图层添加蒙版，然后使用黑色画笔涂抹，遮住小龙虾的区域，保留边缘的火焰并形成完成后的效果（见图 7-19）。

图 7-17

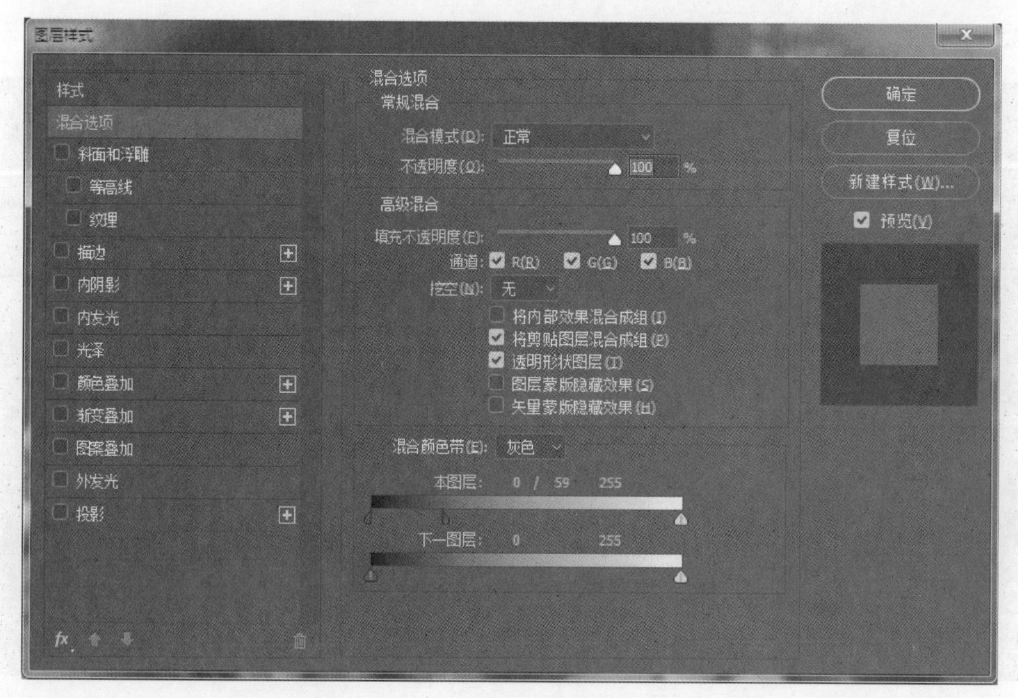

图 7-18

图　7-19

注意：为了方便读者观看，这里暂时隐藏了火焰的图层。

08 选中“火焰 2”图层并置入素材“火焰 3.jpg”，放置到如图 7-20 所示位置。用前面讲述的使用“混合选项”的方式去掉素材中的黑色背景，再给图层建立蒙版，用黑色画笔处理多余的火焰并形成完成后的效果（见图 7-21）。对小龙虾和火焰相关的图层进行编组，并命名为“小龙虾”组（见图 7-22）。

图　7-20

图 7-21

注意：因为这一步骤与前两步相同，所以在本篇中不再赘述，可参考之前的操作。为了方便读者观看，这里暂时隐藏了“火焰”和“火焰 2”的图层。

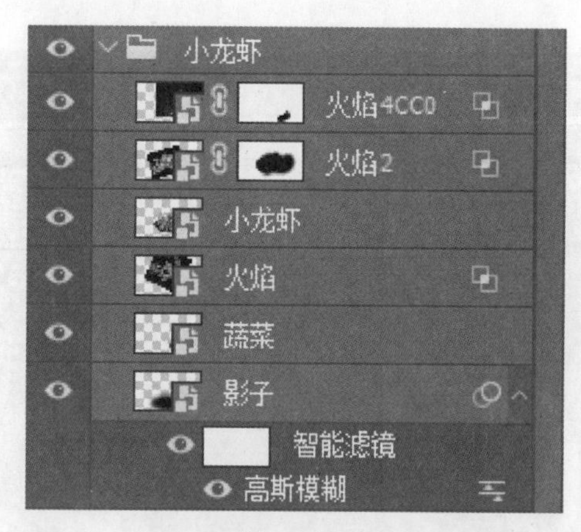

图 7-22

09 分别置入素材“红辣椒 .png”“黄瓜 .png”“西红柿 .png”“小西红柿 .png”“玉米 .png”，并摆放到如图7-23所示的位置。对这些素材图层进行编组，命名为“飞散的蔬菜”组(见图7-24)，

选中这个组，执行“滤镜 > 转化为智能滤镜”命令，将组图层变成智能对象图层，然后执行“滤镜 > 模糊 > 动感模糊” 命令，设置相关参数（见图 7-25），完成整体效果（见图 7-26）。

图　7-23

注意：为了方便读者观看，此图中所有图层都暂时关闭显示。

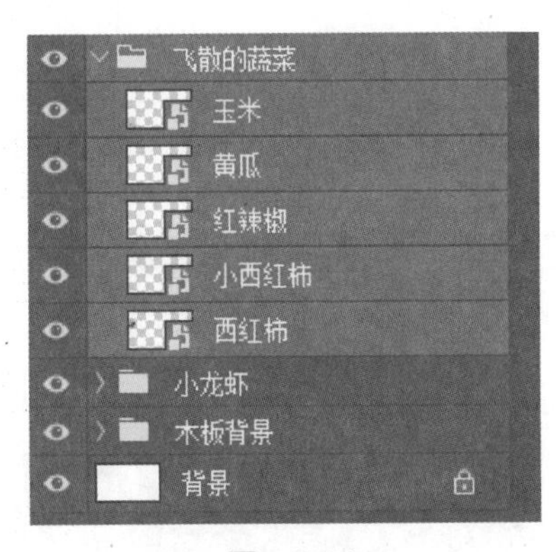

图　7-24

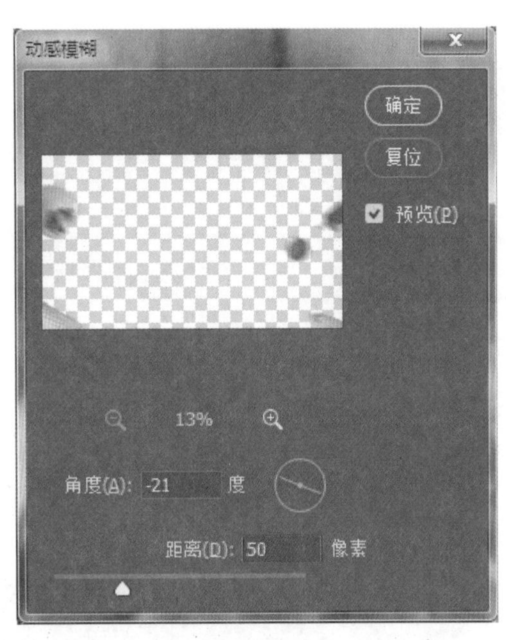

图　7-25

图 7-26

10 置入素材"葱花.png"和"烟雾.png"，并将其移到如图7-27所示的位置，选中"调整面板"中的"色彩平衡"，设置参数（见图7-28～图7-30），完成最终效果（见图7-31）。

图 7-27

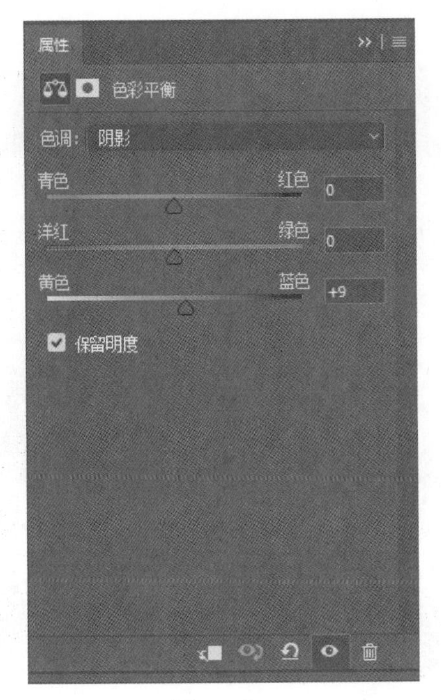

图　7-28

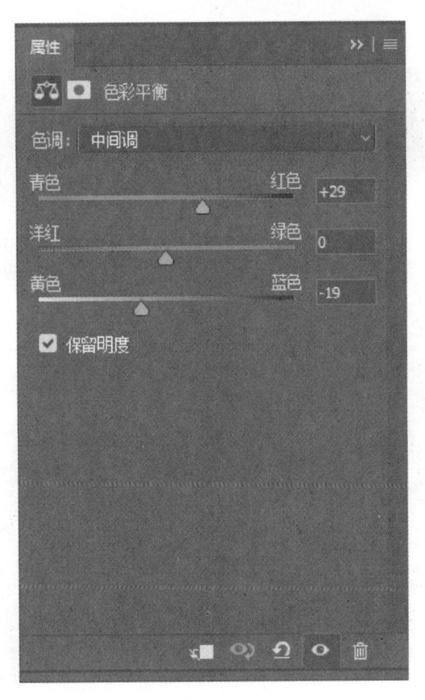

图　7-29

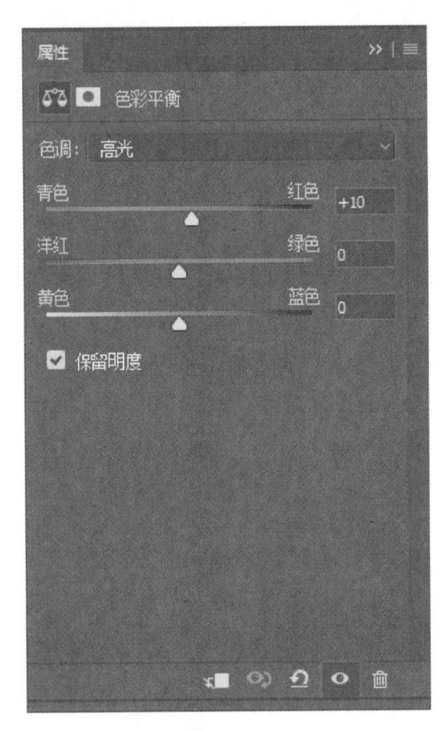

图　7-30

图 7-31

提示：本案例在火焰的控制上运用了图层样式的混合选项来隐藏黑色背景，在这里需要强调的是，黑色背景只是被隐藏起来，与抠掉黑色背景实质上是不同的，且速度比抠图要快很多。

摄影后期篇

案例 01　古风侠客人像后期

合成思路	本案例通过在 Camera Raw 中的调节，使色调适合武侠风格，并通过明暗对比突出人物。对人物进行磨皮处理和色调优化，使画面色彩更舒适。
合成难度	★★★★
合成关键点	Camera Raw 的定调、使用 Photoshop 的通道和计算磨皮。

01 基础调节

执行“文件 > 打开”命令，选择文件“古风人像底片 .ARW ”，设置基本面板参数（见图 8-1）。执行这一步骤的目的是调节照片的明暗细节，降低曝光和阴影亮度，同时提升高光和白色，使画面的明度对比反差加强。提高“去除薄雾”的值能使画面的灰色被有效去除，并使质感加强 （见图 8-2）。

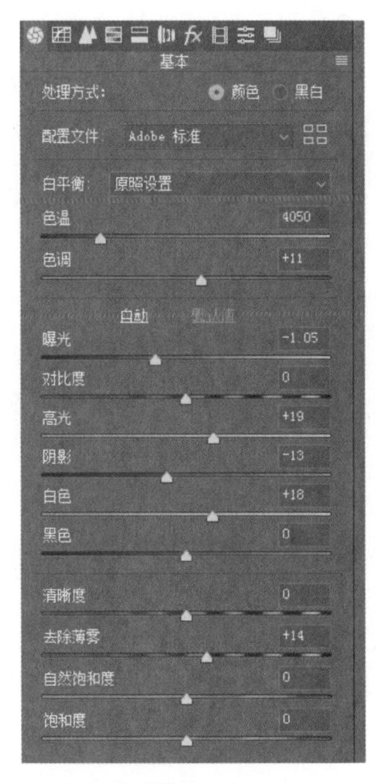

图　8-1

图　8-2

02 通过 HSL 统一色调

选中“HSL 调整”面板，设置色相中的参数（见图 8-3），切换至“饱和度”子面板，设置相关参数（见图 8-4）， 再切换至“明亮度”子面板，设置相关参数（见图 8-5）。这一步骤的参数设置，使色相中的各类颜色接近橙色，从而达到色调统一的效果。饱和度中的参数设置，是为了把背景树叶的颜色饱和度降低，以衬托画面中的人物，也更符合武侠的主题色调。明亮度中的设置，是为了提高皮肤的通透白皙感，因为黄种人的皮肤在正常情况下，都属于橙色系，所以橙色明亮度提高了，皮肤也就变白了 （见图 8-6）。

图 8-3

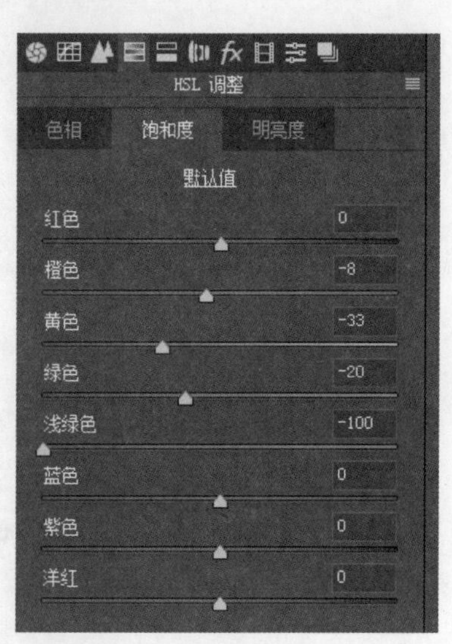

图 8-4

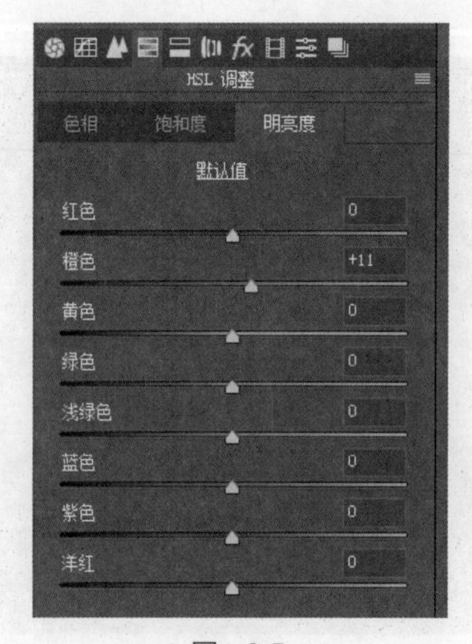

图 8-5

图　8-6

03 分离色调，使高光和阴影色调形成互补色

选中“分离色调”面板，设置高光色相为青蓝色，设置阴影色相为橙色，并在平衡上偏向高光色调（见图 8-7）。执行这一步骤的目的是使画面中高光和阴影形成互补色，人物面部属于高光区域，在高光中加青蓝色，能有效减弱皮肤中的橙黄色，使肤色变漂亮的同时又能使阴影保持橙色。

图　8-7

注意：青蓝色和橙色互为互补色，加青蓝色能有效减少橙色，这是互补色原理。但是青蓝色只加入高光区域，所以本步骤只是减弱了高光的橙色，阴影中的色调不变。

04 三原色校准，使画面主色调突出

选中“校准”面板，设置红原色、绿原色和蓝原色饱和度（见图 8-8）。这一步骤的调节目的是使片子中人物服装更加鲜艳，而其余色彩饱和度都被略微降低，这样更能突出人物色彩（见图 8-9）。

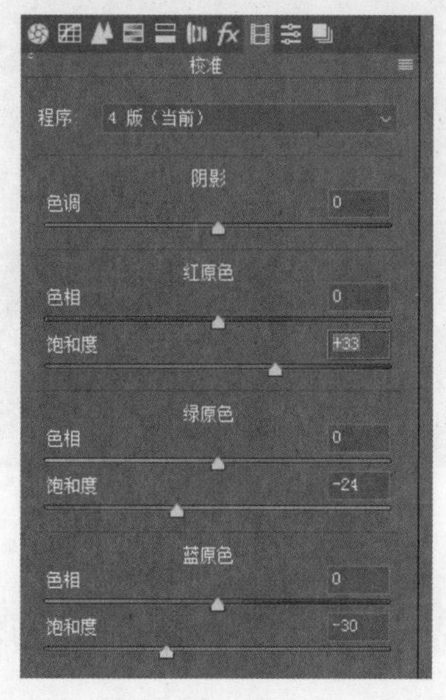

图 8-8

图 8-9

05 使用调整画笔，局部提亮人物

选中工具栏中的“调整画笔”（见图 8-10），在右边的画笔参数面板中，提高曝光度（见图 8-11），继续设置画笔的大小、羽化、流动等参数（见图 8-12），最后在人物脸上和身上涂抹。最终人物就会比背景变得更亮，也更突出，涂抹前的效果如图 8-13 所示，完成后的效果如图 8-14 所示。

图　8-10

图　8-11

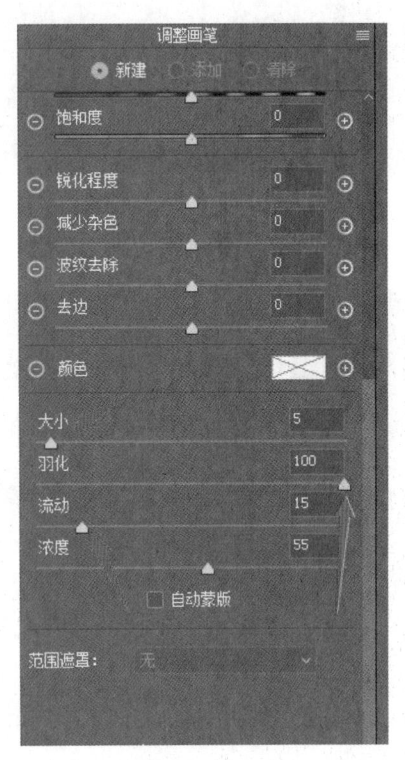

图　8-12

图 8-13

图 8-14

06 在 Photoshop 里进行磨皮

在 Camera Raw 中单击右下角的“打开图像”，即可进入 Photoshop 界面中。选中“裁剪工具”，旋转照片，将照片摆正（见图 8-15），使用“污点修复画笔”工具，在人像脸部痘痕上单击，进行初步痘痕处理（见图 8-16）。

图　8-15

图　8-16

07 用通道和计算进行磨皮

使用快捷键 Ctrl+J，复制背景图层，然后选中复制的图层。单击“通道”面板，选择蓝通道并右击，选择“复制通道”（见图 8-17），选中复制出来的蓝通道图层，执行“滤镜 > 其他 > 高反差保留”命令，将参数“半径”设置为“9”像素。再执行“图像 > 计算”命令，将“混合”模式设置为“强光”（见图 8-18），再重复执行该命令两次（见图 8-19）。选中最后的“Alpha3”图层，按住 Ctrl 键，单击它的缩略图，调出高光选区。接着执行“选择 > 反选”命令，得到阴影选区（见图 8-20），切换回“图层”面板，使用“调整”面板里的“曲线”，设置效果如图 8-21 所示。这样皮肤就会变白并且没有痘痕，从而达到磨皮效果（见图 8-22）。因为磨皮的曲线图层改变了周围环境光，所以需要用黑色画笔涂抹除脸部之外的其他区域，磨皮效果最终完成（见图 8-23）。

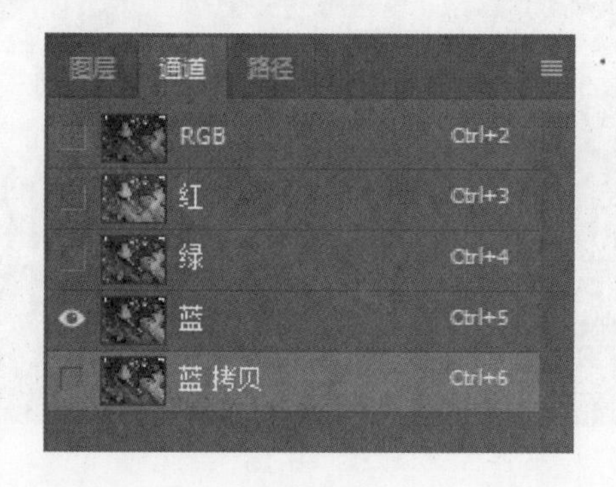

图 8-17

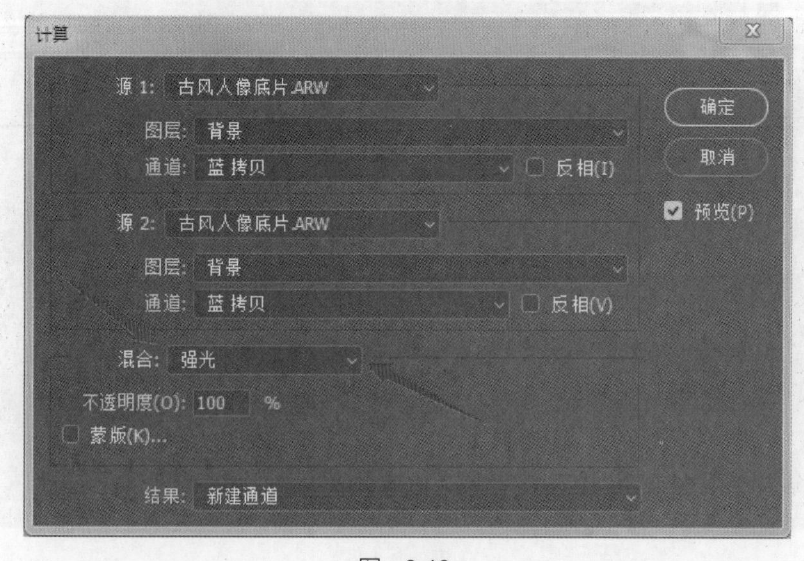

图 8-18

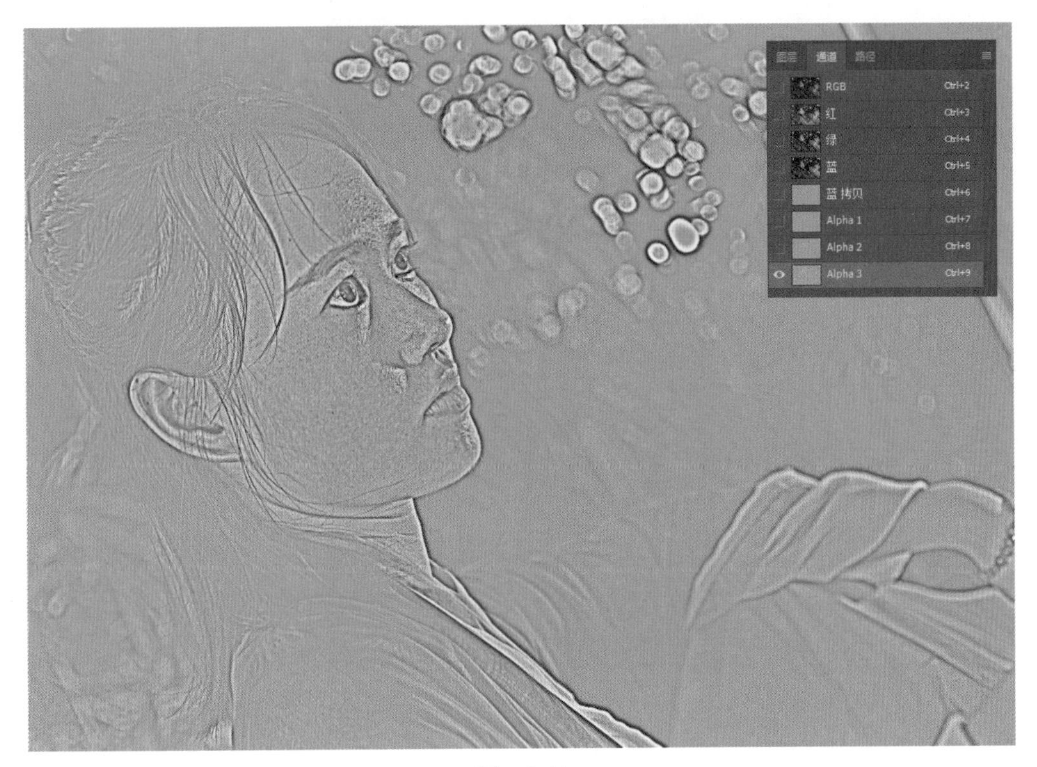
图层
通道
路径
RGB
Ctrl+2
红
Ctrl+3
绿
Ctrl+4
蓝
Ctrl+5
蓝 拷贝
Ctrl+6
Alpha 1
Ctrl+7
Alpha 2
Ctrl+8
Alpha 3
Ctrl+9

图　8-19

图层
通道
路径
RGB
Ctrl+2
红
Ctrl+3
绿
Ctrl+4
蓝
Ctrl+5
蓝 拷贝
Ctrl+6
Alpha 1
Ctrl+7
Alpha 2
Ctrl+8
Alpha 3
Ctrl+9

图　8-20

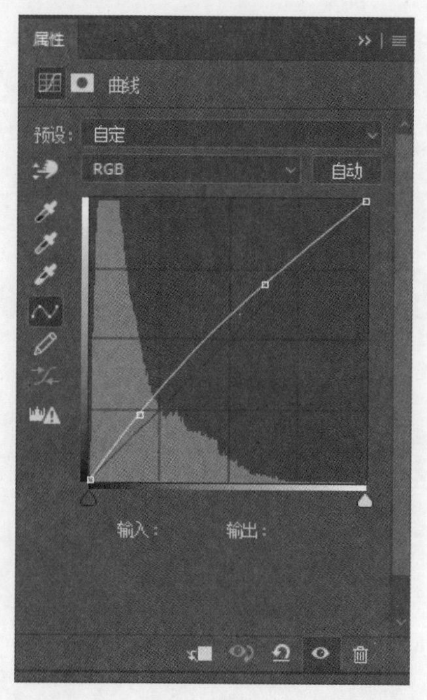

图 8-21

图 8-22

图　8-23

08 优化色调和美白皮肤

选中“调整”面板的“可选颜色”，设置参数（见图 8-24 和图 8-25），执行这一步的目的是微调整个环境，整体黄色偏青，并使黄色层次变深。再次选中“调整”面板的“可选颜色”，设置参数（见图 8-26 和图 8-27），设置前景色为“黑色”，使用快捷键 Alt+Delete 填充。这个“可选颜色”的蒙版可隐藏它的效果，然后使用白色画笔，设置“不透明度”为“25%”，涂抹人物的脸和手臂，使之变白（见图 8-28），完成最终效果（见图 8-29）。

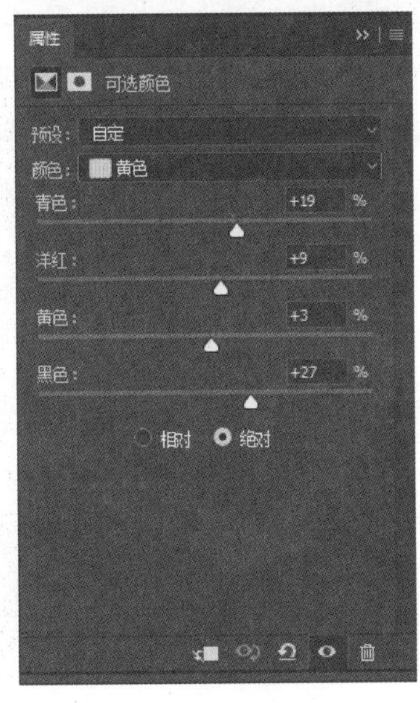

图　8-24

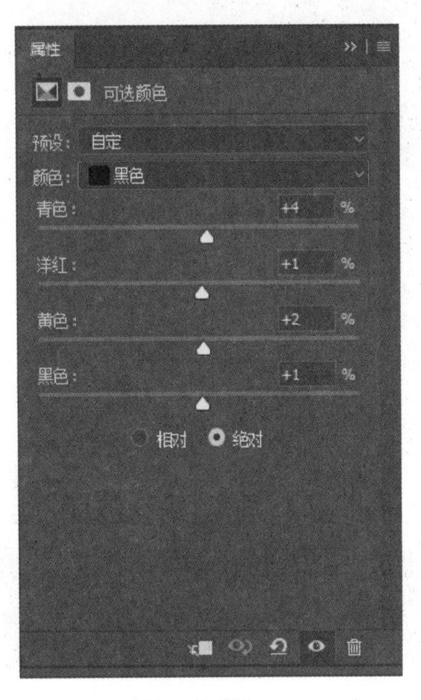

图　8-25

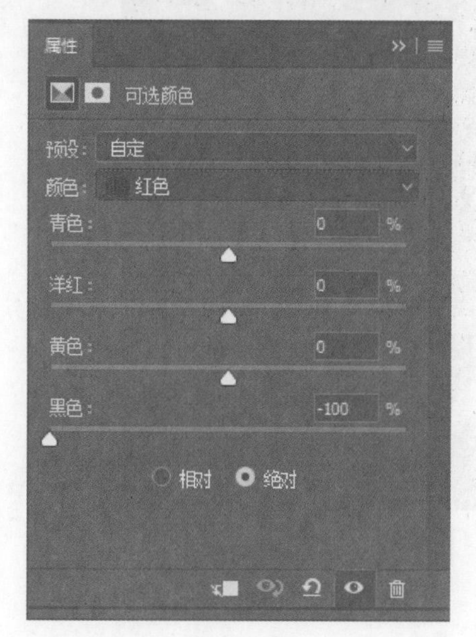

图 8-26

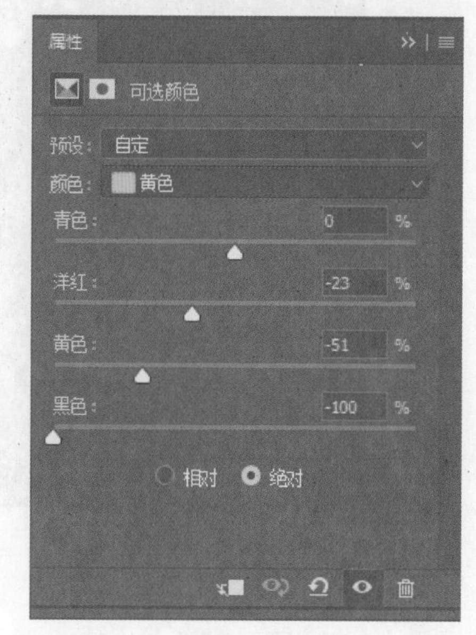

图 8-27

图 8-28

图　8-29

提示：

磨皮的方法有很多种，除了使用 Photoshop 的命令磨皮外，还有插件磨皮，其效果也是非常不错的。

案例 02　日系色彩人像后期

合成思路	本案例通过 Camera Raw 的渐变滤镜处理了天空部分的细节，在 Photoshop 中通过色彩平衡和蒙版局部处理草地细节和色彩，最终达到想要的效果。
合成难度	★★★
合成关键点	Camera Raw 的渐变滤镜、色彩平衡的局部处理。

01 基础调节

执行“文件 > 打开”命令，选择文件“日系色彩人像底片 .ARW ”，设置基本面板参数（见图 9-1）。在基本参数的设置中，最重要的是保证照片从明到暗都有细节，保证画面丰富的同时增加通透感。

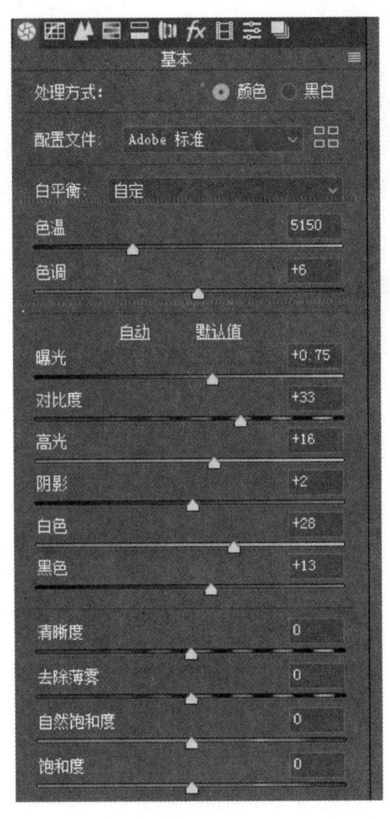

图　9-1

02 通过 HSL 处理草地和天空

选中“HSL 调整”面板，切换至“饱和度”子面板，设置相关参数（见图 9-2）。这一步降低了草地黄色和绿色的饱和度，为后边的上色做准备，同时加强了天空的蓝色。再切换至“明亮度”子面板，设置相关参数（见图 9-3），这是为了把草地绿色亮度调暗，让天空和草地对比强烈 （见图 9-4）。

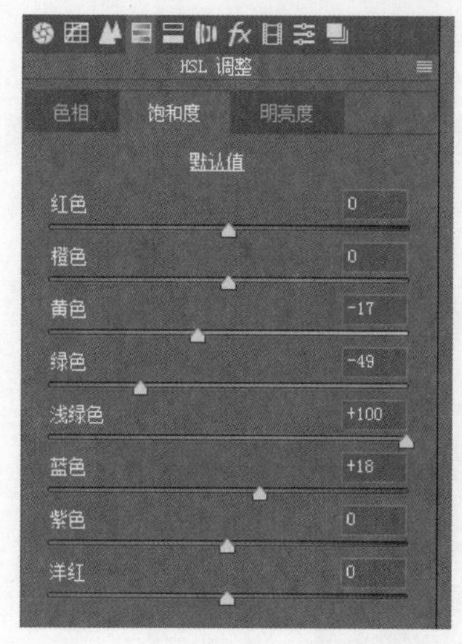
HSL 调整
色相
饱和度
明亮度
默认值
红色 0
橙色 0
黄色 -17
绿色 -49
浅绿色 +100
蓝色 +18
紫色 0
洋红 0

图 9-2

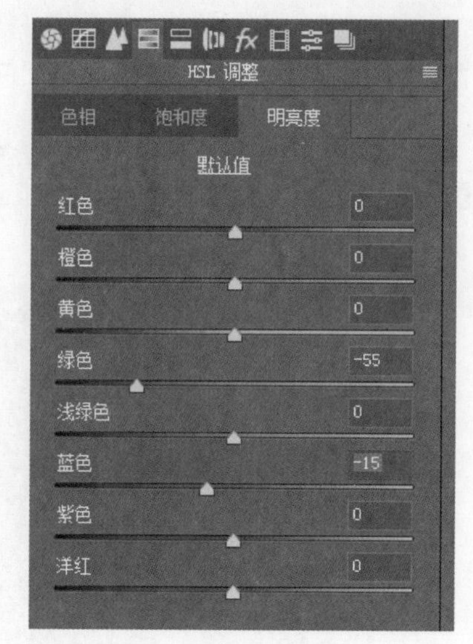
HSL 调整
色相
饱和度
明亮度
默认值
红色 0
橙色 0
黄色 0
绿色 -55
浅绿色 0
蓝色 -15
紫色 0
洋红 0

图 9-3

图 9-4

03 分离色调，加强色彩对比

选中“分离色调”面板，设置相关参数（见图 9-5）。在高光区域添加蓝色，在阴影区域添加橙红色，使天空和草地的色彩对比变得强烈。选中“校准”面板，设置相关参数（见图 9-6），加强蓝原色的饱和度，主要是把蓝天变得更蓝、更亮，同时也能提高其他颜色的明度（见图 9-7）。

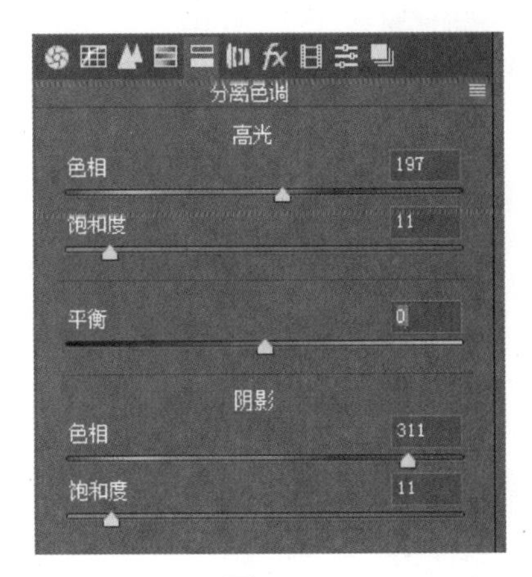

图　9-5

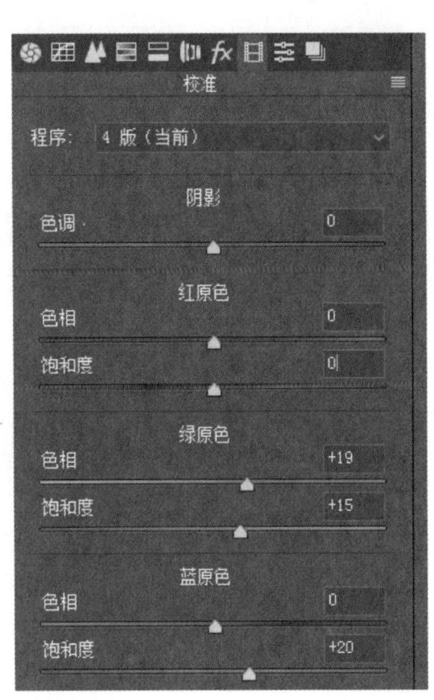

图　9-6

图　9-7

04 渐变滤镜局部调色

选中工具栏中的"渐变滤镜"工具（见图 9-8）。并设置相关参数（见图 9-9）。在图像中从上向下拖出一条直线（见图 9-10），使天空变蓝，同时又加强了云朵的亮度并去除了天空中的薄雾。

图 9-8

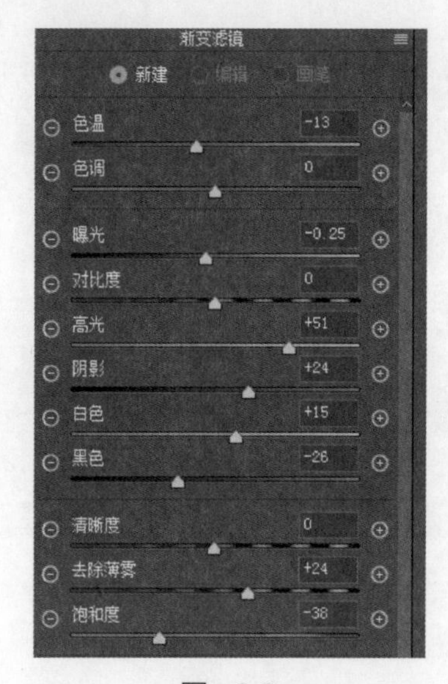

图 9-9

图 9-10

05 调整画笔，把模特皮肤变白皙

选中工具栏中的“调整画笔”工具（见图 9-11），设置相关参数并在模特面部涂抹，使面部变得更明亮白皙，完成调节后单击右下角的“打开图像”按钮，回到 Photoshop 中进行下一阶段处理（见图 9-12）。

图　9-11

图　9-12

06 用色彩平衡处理草地色调

使用“调整”面板中的“色彩平衡”，并设置参数（见图 9-13 ～ 图 9-15），用黑色画笔涂抹照片中的天空和模特部分，只保留草地面积作为调节区域（见图 9-16），因为草地颜色偏灰，所以再使用调整面板的曲线，设置相关参数（见图 9-17），调整完成的效果如图 9-18 所示。

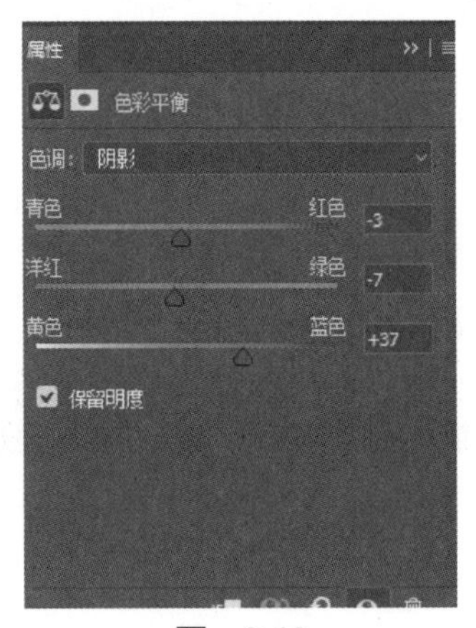

图　9-13

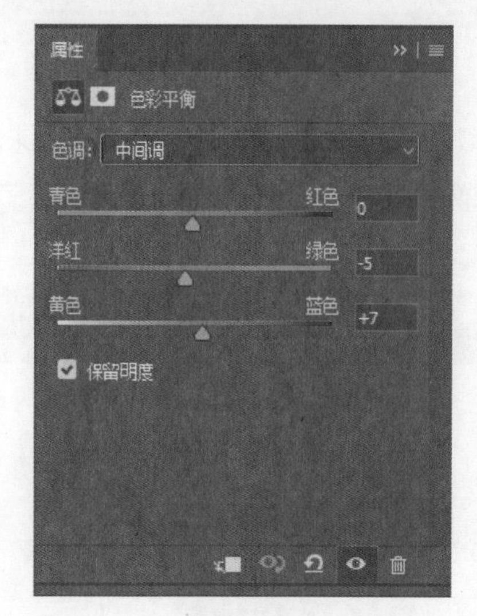

图 9-14

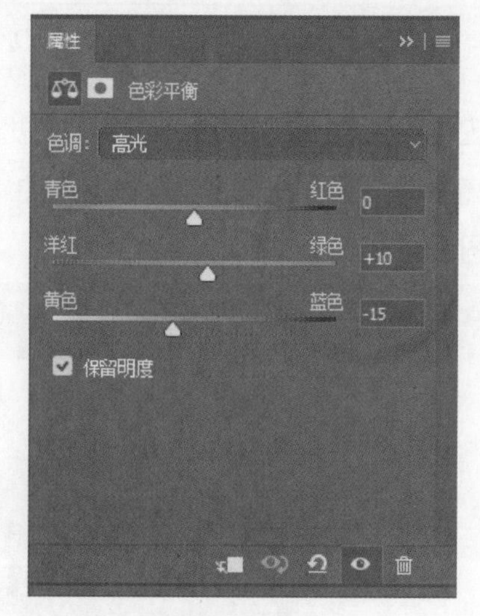

图 9-15

图 9-16

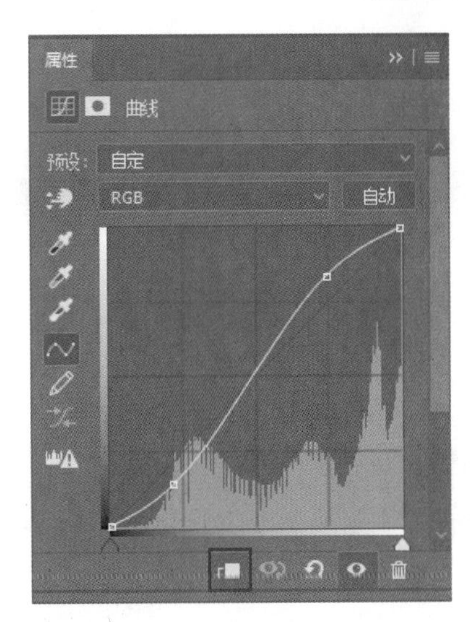

图　9-17

注意 : 勾选图 9-17 红圈的复选框，可使曲线调整层不影响其他的图层。

图　9-18

提示：本案例在 Camera　Raw 中使用了渐变滤镜，并且提高了它的去除薄雾效果，这样做的目的是使天空细节丰富，但是也过分加强了天空颜色，所以在渐变滤镜参数里降低了饱和度，来达到色彩平衡。

案例 03　人像后期通透调法

合成思路	本案例通过 Camera Raw 提高整体曝光度后，再使用径向滤镜收缩高光，最终达到背景明亮，而人物主体不会出现过度曝光的效果，使照片变得通透。
合成难度	★★★
合成关键点	Camera Raw 的径向滤镜、插件磨皮。

01 基础调节

执行“文件 > 打开”命令，选择文件“通透人像底片 .ARW ”，设置基本面板参数（见图 10-1）。使画面整体保持高亮的同时压暗高光和黑色，使模特头发和面部保留更多细节，调节完成的效果如图 10-2 所示。

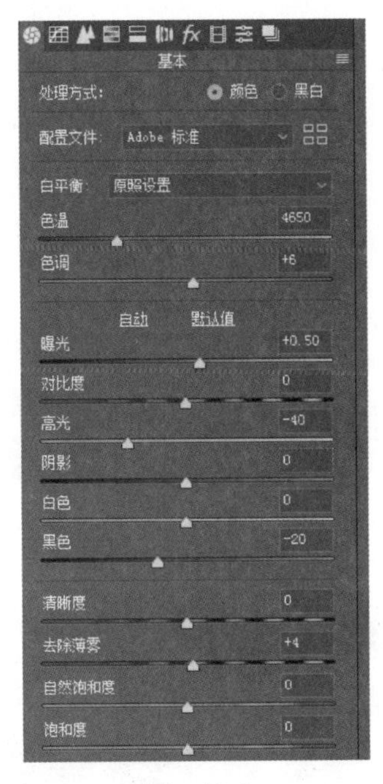

图　10-1

图　10-2

02 分离色调统一颜色

切换至“分离色调”面板，设置“高光”和“阴影”参数（见图 10-3）。使画面中高光和阴影都统一为青蓝调，调整完成的效果如图 10-4 所示。

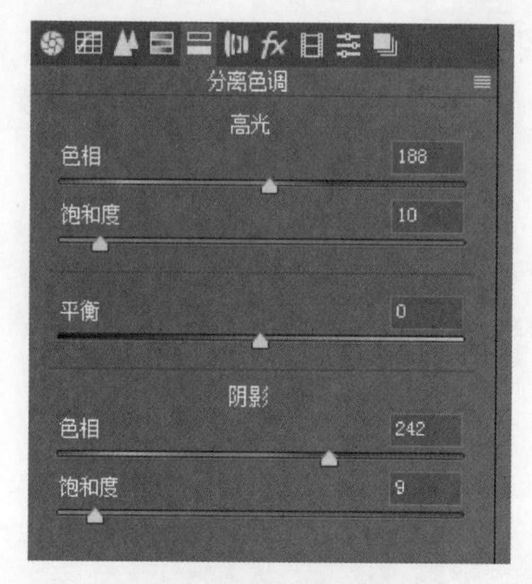

图　10-3

图　10-4

03 径向滤镜收缩高光

在工具栏中找到“径向滤镜”工具（见图 10-5），设置相关参数 （见图 10-6）。在画面上绘制一个圆形（见图 10-7），完成后单击右下角的“打开图像”按钮，回到 Photoshop 中做下一阶段处理。

图　10-5

图　10-6

图　10-7

04 使用色彩平衡、可选颜色使肤色变白

使用“调整”面板中的“色彩平衡”，设置相关参数（见图 10-8 和图 10-9）。因为皮肤属于中间调，头发属于阴影，所以执行这一步骤的目的是减少皮肤中的黄色，在头发中加了蓝色和少量红色，使色彩更好看，调整完成的效果如图 10-10 所示。

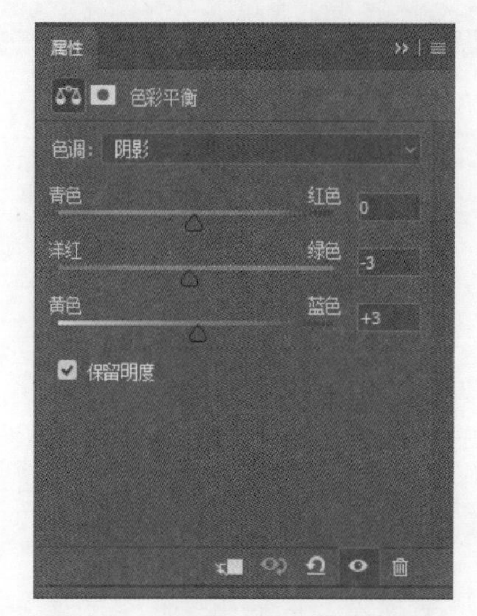

图 10-8

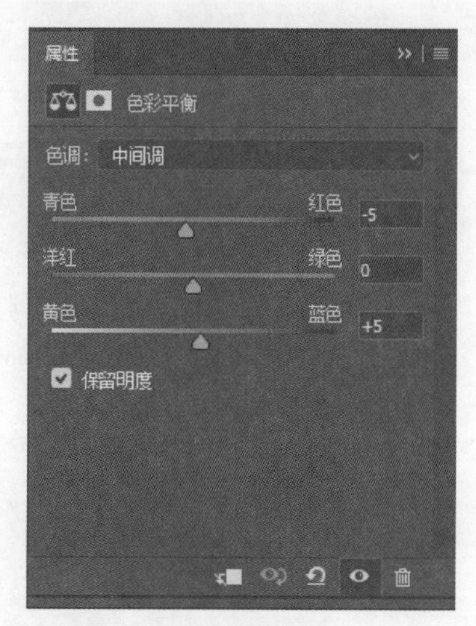

图 10-9

图 10-10

05 插件磨皮

为了让读者掌握更多磨皮技巧，本次将使用 Delicious Retouch 4 磨皮插件讲解磨皮的过程。将插件复制到安装文件夹下的“Required\CEP\extensions\”文件夹后启动 Photoshop，执行“窗口 > 扩展面板 >DR4”命令，打开它的面板（见图 10-11），单击左上角的第一个按钮 Delicious Skin V4。把插件生成的椭圆框扩大至模特脸上（见图 10-12），然后按 Enter 键。等待插件自动计算好后，它会创建一个图层（见图 10-13）。这时，只需要使用白色画笔在模特脸上需要磨皮的区域涂抹，即可完成磨皮（见图 10-14）。

图　10-11

图　10-12

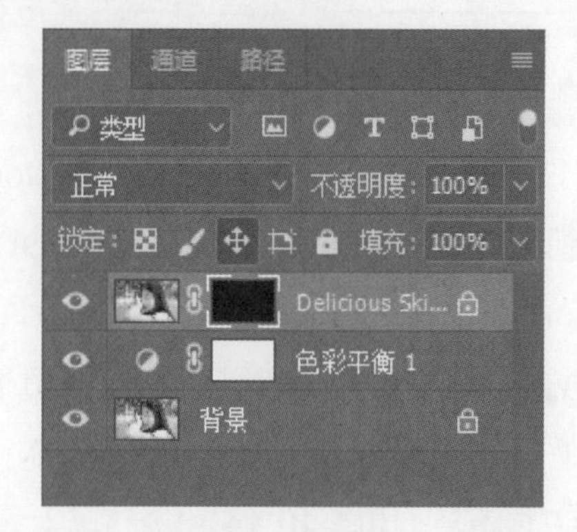

图 10-13

图 10-14

提示：本案例难度虽然不大，但通过使整体提亮再收缩人物主体高光来使画面变通透，这类比较特殊的技巧可运用在很多人像片子中。

案例 04　油画风格人像后期

合成思路	本案例通过 Camera Raw 完成油画的定调，把草地变金黄色，在 Photoshop 里进行了磨皮和瘦脸，并制作油画色彩的图层，来完成最后的色彩油画。
合成难度	★★★★
合成关键点	油画色彩图层制作、磨皮和瘦脸操作。

01 基础调节

执行“文件 > 打开”命令，选择文件“油画人像底片 .ARW ”，设置基本面板参数（见图 11-1）。加强照片的通透感，使高光和暗部都保留丰富细节。

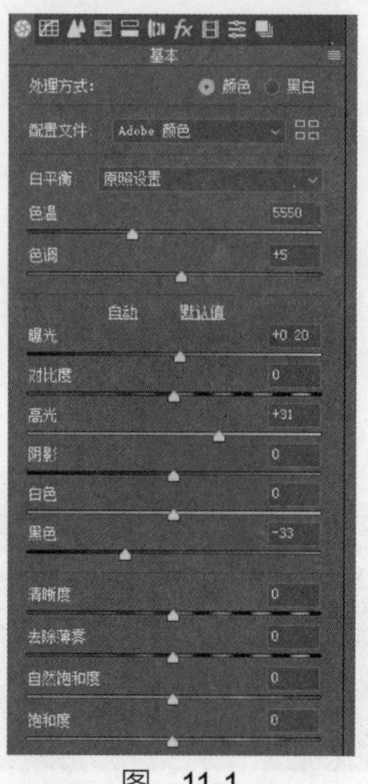

图 11-1

02 HSL 调节草地色调

切换至“HSL 调整”面板，设置相关参数（见图 11-2 ~ 图 11-4），把草地的绿色调为橙黄色，使色调接近油画基调，为接下来的调节做准备 （见图 11-5）。

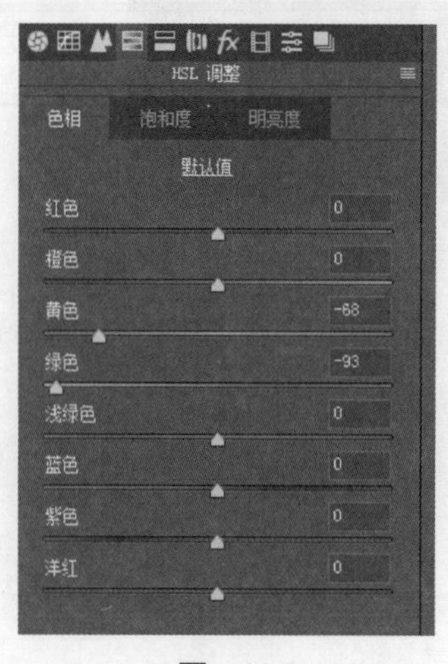

图 11-2

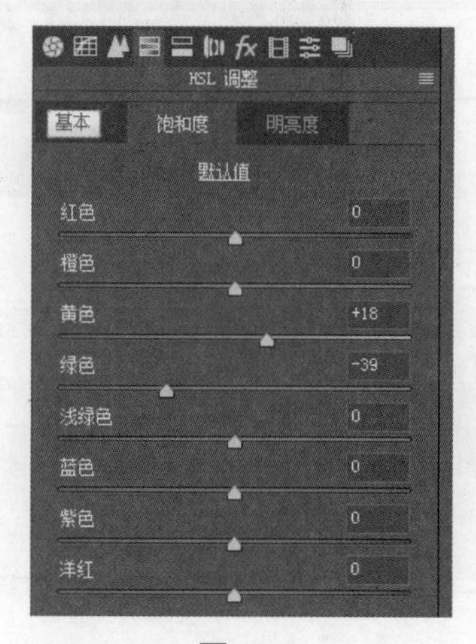

图 11-3

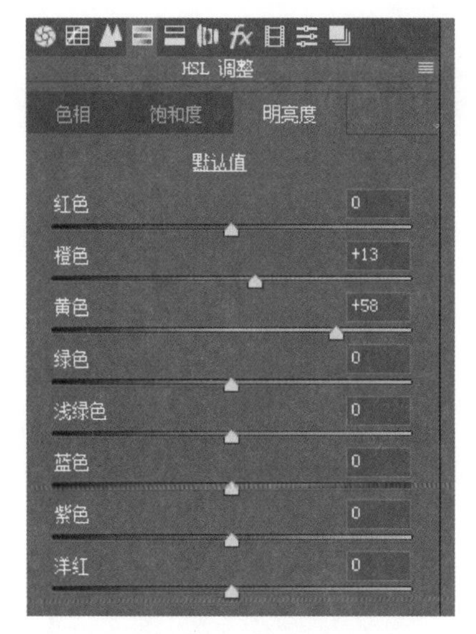

图　11-4

图　11-5

03 制作暗角

切换至“效果”面板，调整相关参数（见图 11-6），制作暗角效果（见图 11-7）。

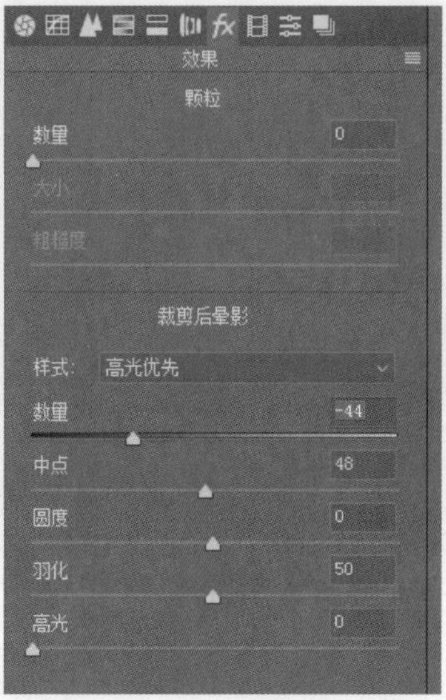

图 11-6

图 11-7

04 调整画笔，整体提亮模特

在工具栏选中选择“调整画笔”工具（见图 11-8），设置相关参数（见图 11-9）并在模特脸上和身上进行涂抹，不包括衣服和帽子 （见图 11-10）。因为是逆光拍摄，所以模特的脸和身体会比较暗，这一步会提亮模特的脸和身体，使画面平衡（见图 11-11）。

图　11-8

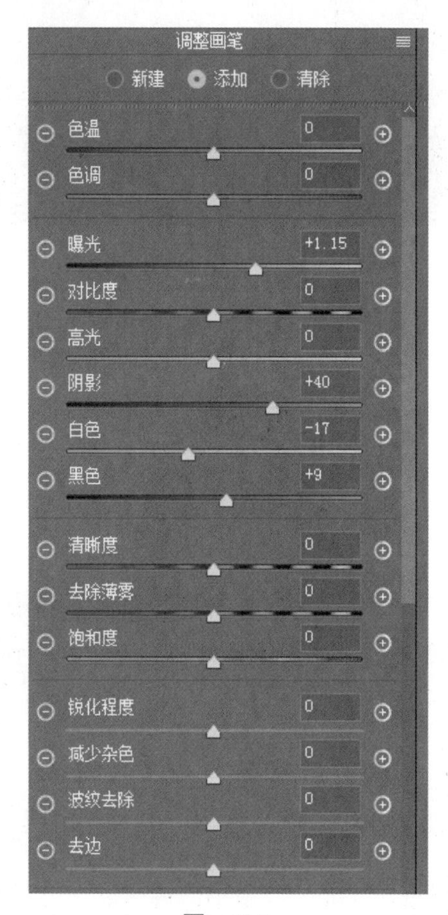

图　11-9

图 11-10

图 11-11

05 人像磨皮

使用“污点修复画笔”，在模特脸上较大的痘痕和光斑处进行涂抹，使其消失。单击“通道”面板，找到“红”通道，右击复制“红”通道（见图 11-12）。选中复制好的“红”通道图层，执行“滤镜 > 其他 > 高反差保留”命令，将参数设置为“9 像素”，再执行“图像 > 计算”命令，设置相关参数（见图 11-13）。再执行该命令一次，最终得到的图层和图像如图 11-14 所示。按住 Ctrl 键，单击最后一个通道图层的预览图，调出高光选区，然后执行“选择 > 反选”命令，得到片子中的阴影选区，单击通道最上层的 RGB 通道图层（见图 11-15），再切换回到“图层”面板，使用“调整”面板里的“曲线”，设置相关参数（见图 11-16），完成磨皮。效果前后对比明显（见图 11-17）。为保证照片其他区域不受磨皮影响，需使用黑色画笔，涂抹脸和身体以外的部分（见图 11-18 ）。

图　11-12

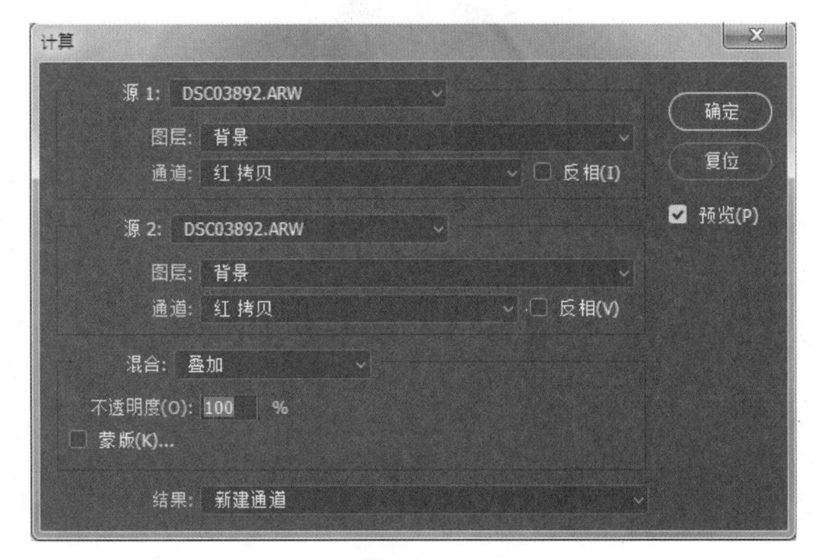

图　11-13

图层
通道
路径
RGB
Ctrl+2
红
Ctrl+3
绿
Ctrl+4
蓝
Ctrl+5
红 拷贝
Ctrl+6
Alpha 1
Ctrl+7
Alpha 2
Ctrl+8

图 11-14

图层
通道
路径
RGB
Ctrl+2
红
Ctrl+3
绿
Ctrl+4
蓝
Ctrl+5
红 拷贝
Ctrl+6
Alpha 1
Ctrl+7
Alpha 2
Ctrl+8

图 11-15

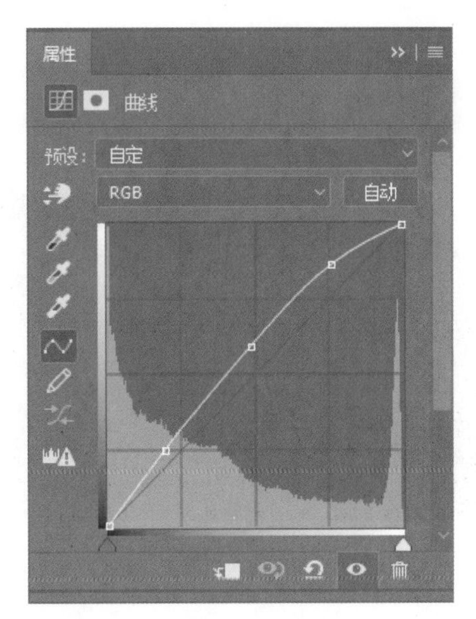

图　11-16

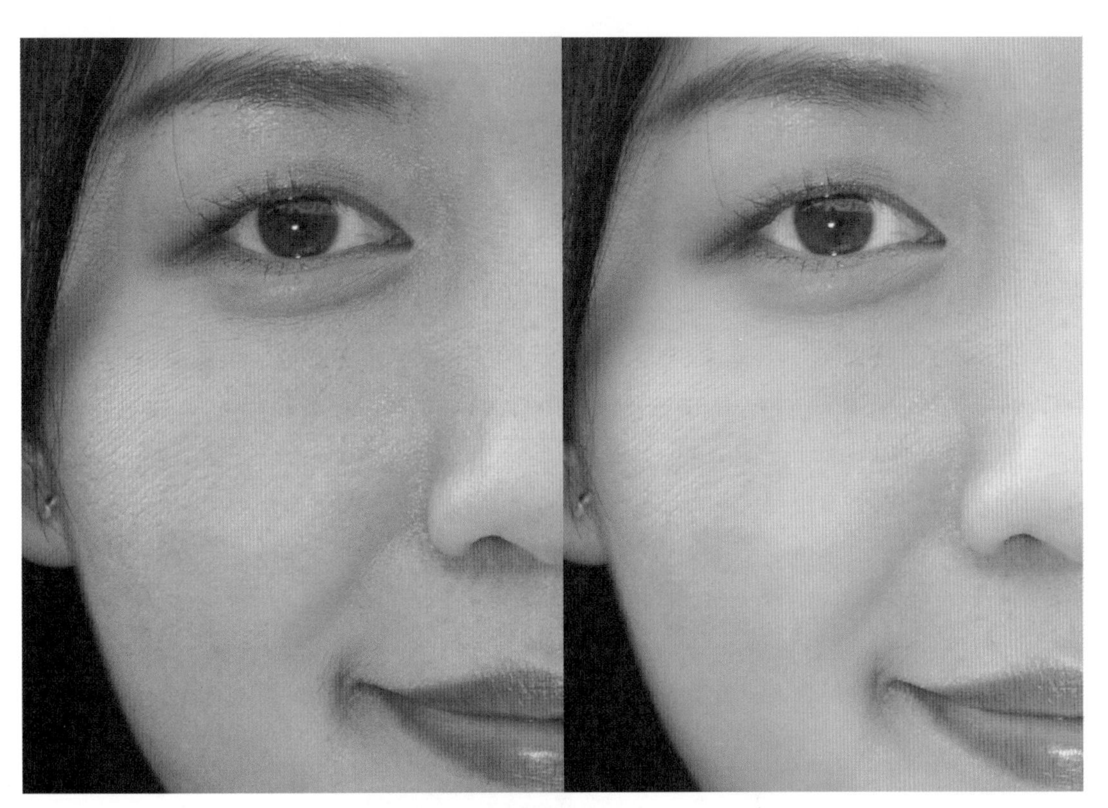

图　11-17

图 11-18

06 油画渐变色彩制作

在工具栏中选中"渐变工具"并进行参数设置（见图 11-19 和图 11-20）。新建一个空白图层，将其命名为"油画色彩"，然后使用渐变工具，从下向上拉出渐变效果（见图 11-21），再把图层"混合模式"设置为"柔光"（见图 11-22）。为了使模特被影响的脸和皮肤恢复回来，对该图层建立蒙版，使用黑色画笔涂抹模特的脸和手臂，使其恢复原来的皮肤色彩（见图 11-23）。

图 11-19

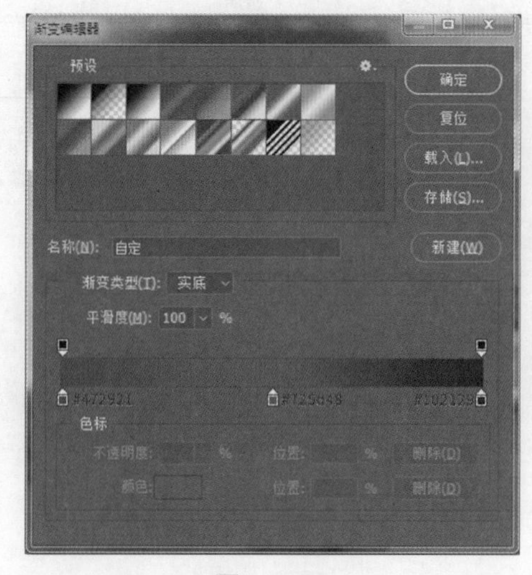

图 11-20

图　11-21

图　11-22

图 11-23

07 瘦脸

使用快捷键 Ctrl+Shift+Alt+E 盖印图层，并对其执行“滤镜 > 液化”命令，设置相关参数（见图 11-24），整个瘦脸过程不需要力度太大，最终效果如图 11-25 所示。

图 11-24

图　11-25

提示：

本案例中的磨皮技巧可以使用之前提到的插件来完成，这样可以节约时间，并得到不错的效果，瘦脸的液化面板是高版本的 Photoshop 才有。如果读者的软件中没有这个功能，请升级至高版本的 Photoshop。

案例 05　逆光人像后期处理技巧

合成思路	本案例通过 Camera Raw 中的渐变滤镜，完成天空色彩的定调，并通过调整画笔工具提亮模特的脸和手臂，解决人像逆光脸部过暗的问题。
合成难度	★★★
合成关键点	渐变滤镜的天空色彩调节、磨皮插件的使用技巧、用可选颜色提高人物皮肤亮度和服装亮度。

01 基础调节

执行“文件 > 打开”命令，选择文件“逆光人像底片 .ARW”并设置相关参数，使照片曝光正常，高光区到阴影区都有丰富细节，同时背景又不会过曝（见图 12-1）。

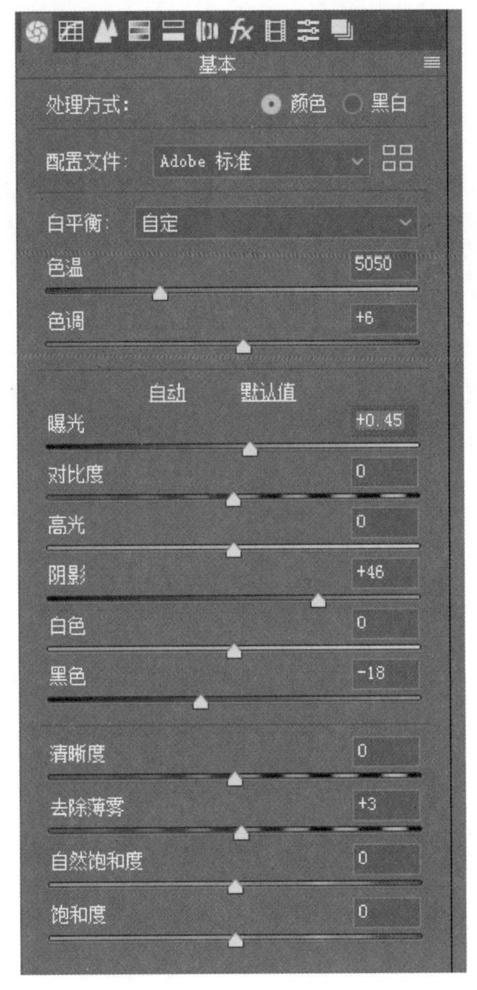

图　12-1

02 HSL 调节草地颜色

切换至“HSL 调整”面板，设置相关参数（见图 12-2 ～ 图 12-4），使草地变成黄绿色并降低绿色的饱和度，使背景色彩变淡从而突出人物（见图 12-5）。

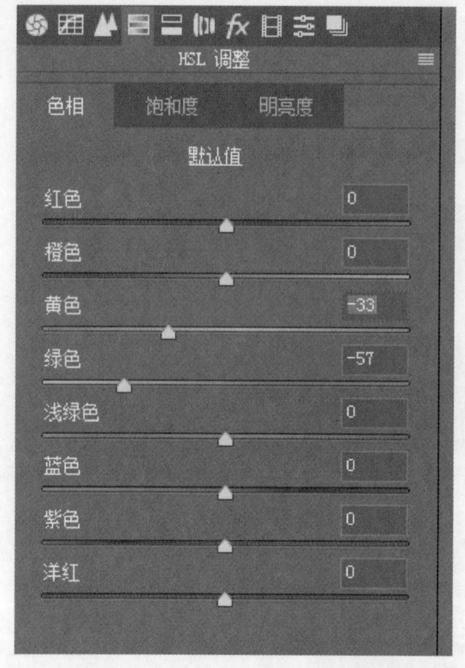

图 12-2

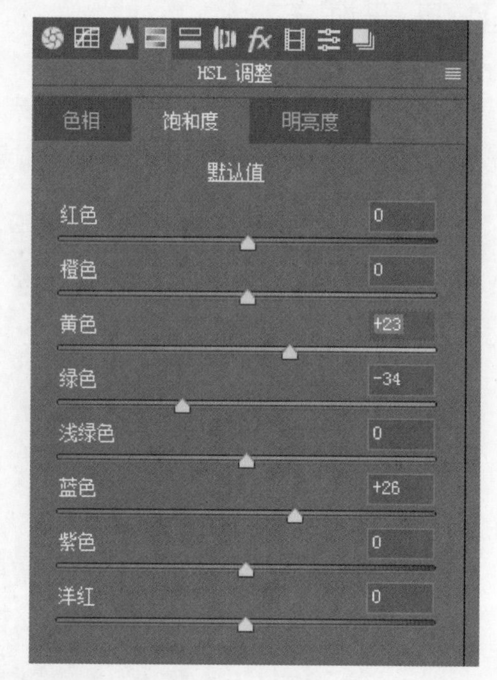

图 12-3

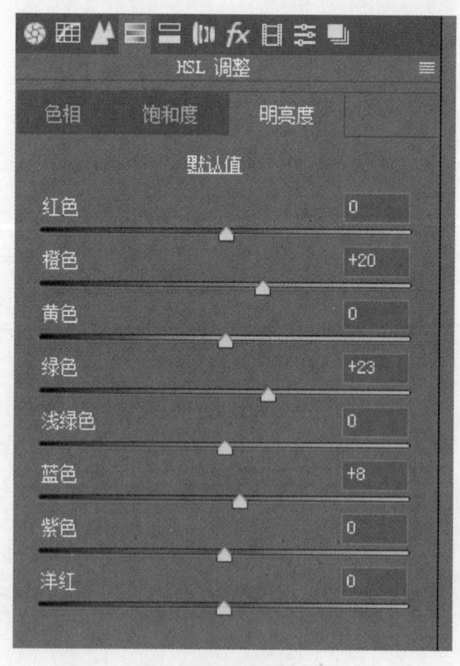

图 12-4

图　12-5

03 校准三原色

切换至“校准”面板设置相关参数（见图 12-6），进一步降低与绿色相关的色彩饱和度，同时提升蓝色相关色彩的饱和度。执行这一步骤除了使背景草地色彩变得更淡，还使主要的蓝色变得更鲜艳，而与蓝色相关的其他颜色也稍微变得鲜艳。

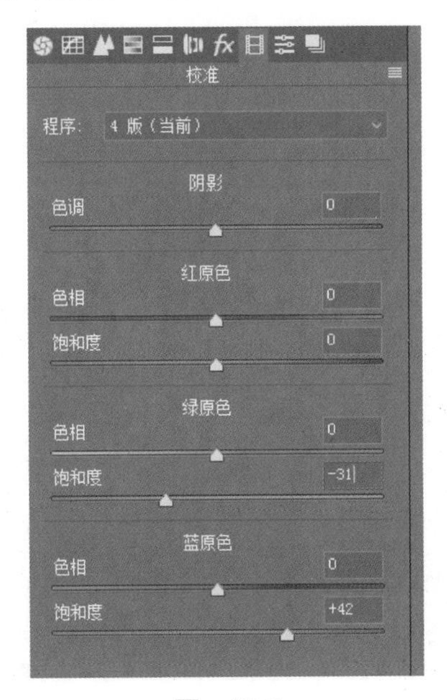

图　12-6

04 使用调整画笔提高皮肤亮度

使用工具栏中的“调整画笔”设置相关参数（见图 12-7），并涂抹模特的脸和手臂，达到提亮的效果（见图 12-8）。

图 12-7

图 12-8

05 使用渐变滤镜调出晚霞天空

使用工具栏中的“渐变滤镜”设置相关参数（见图 12-9），从上向下拉出渐变直线（见图 12-10）。

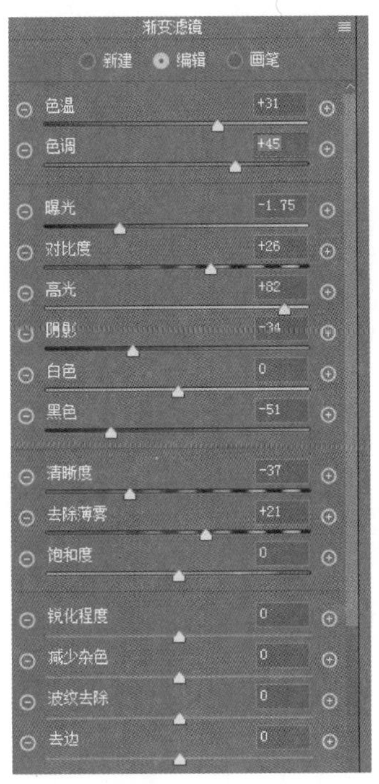

图　12-9

图　12-10

06 插件磨皮

单击右下角的“打开图像”按钮，回到 Photoshop 中进行下一阶段处理。先使用“污点修复画笔工具”单击脸上的痘痕。再使用 Delicious Retouch 4 插件进行磨皮处理。打开 Delicious Retouch 4 面板（见图 12-11），单击左上角的 Delicious Skin V4 按钮，将出现的选框移动到模特脸上后按 Enter 键，让插件自动运算处理，完成后将会生成一个图层（见图 12-12）。使用白色画笔涂抹模特脸部，完成磨皮效果（见图 12-13）。

图 12-11

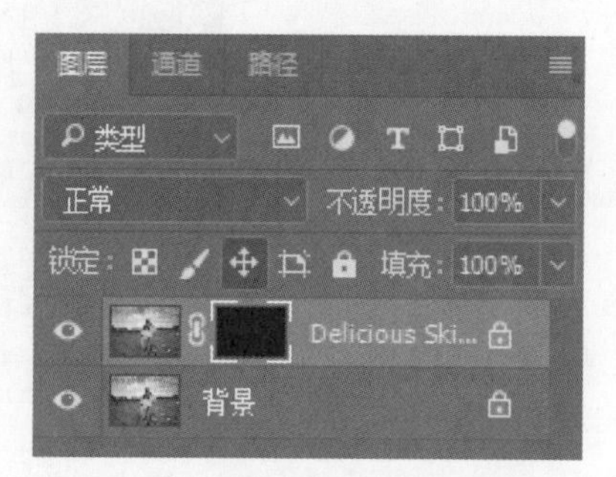

图 12-12

图 12-13

07 用可选颜色美白皮肤

使用“调整”面板的“可选颜色”设置相关参数（见图 12-14 和图 12-15），执行这一步骤的目的是提亮皮肤中红色的明度，达到美白效果，同时提亮了衣服的明度（见图 12-16）。

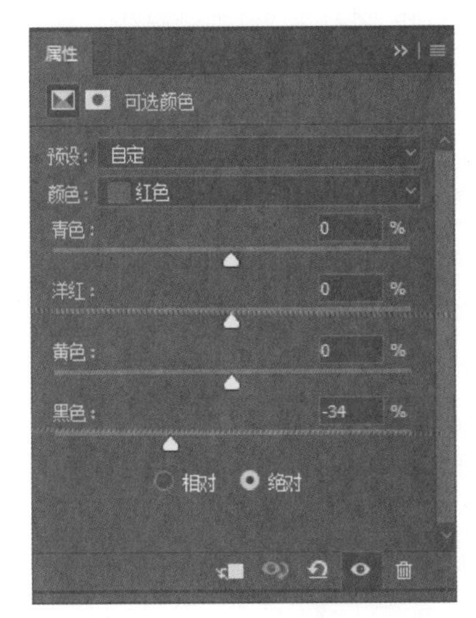

图　12-14

图　12-15

图　12-16

08 用色彩平衡加强中间调和阴影色彩

使用“调整”面板的“色彩范围”设置相关参数（见图 12-17 和图 12-18），使照片中的中间调色彩偏向蓝色，阴影色彩偏向红色。因为阴影的范围是天空和较深的草地，而中间调范围是草地和人物，所以阴影的调节使天空更红。中间调的调节使人物脸上黄色被减少，这是因为黄色与蓝色为互补色，增加其中一个色彩，另一个色彩将会随之减少，完成最终效果（见图 12-19）。

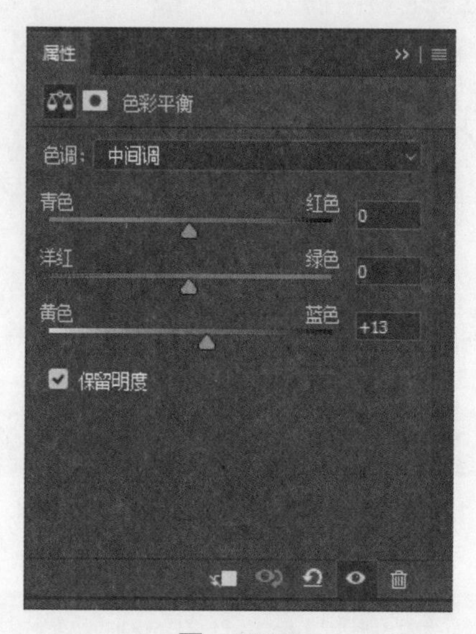

图　12-17

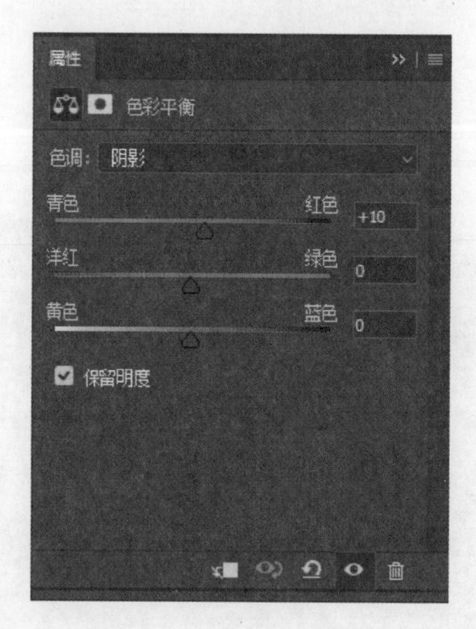

图　12-18

图 12-19

提示：

在本案例中，使用降低背景的饱和度来达到突出人物的目的。这是一种常用的环境人像处理技巧，只要背景色彩饱和度低，焦点自然会集中在人物身上。

案例 06 人像柔光后期处理技巧

合成思路	本案例通过 Camera Raw 完成曝光调节，同时压暗背景提亮人物，然后在 Photoshop 中通过高斯模糊和图层混合模式来制作柔光的效果。
合成难度	★★★
合成关键点	Camera Raw 的径向滤镜、高斯模糊滤镜、图层的混合模式。

01 基础调节

执行“文件 > 打开”命令，选择文件“柔光人像底片 .ARW ”，设置基本面板参数（见图 13-1），使照片色调偏向暗调。

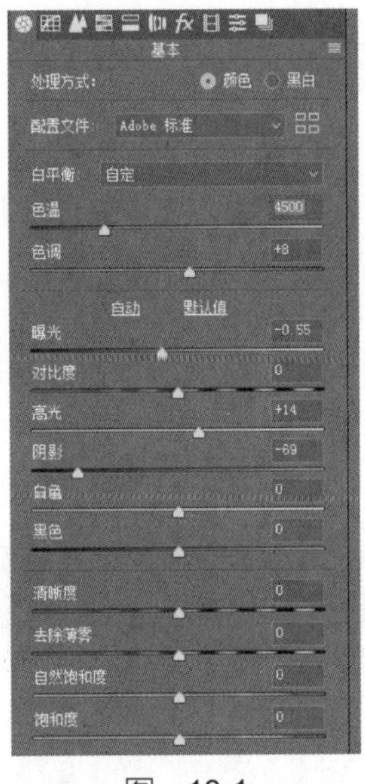

图　13-1

02 HSL 降低背景饱和度

切换至“HSL 调整”面板并设置相关参数（见图 13-2~ 图 13-4），执行这一步骤的目的是使背景树叶的饱和度和明亮度都降低，和模特形成对比（见图 13-5）。

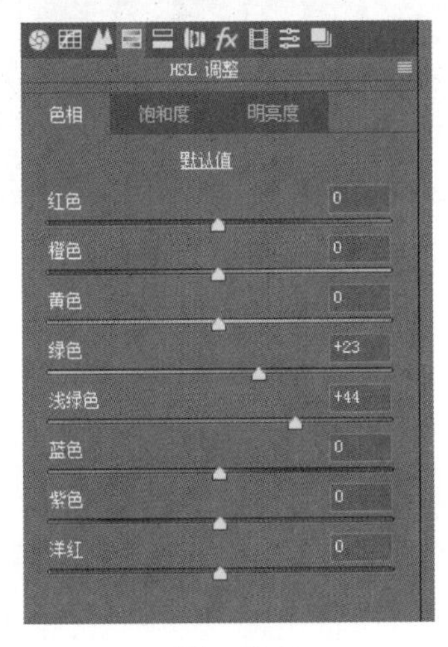

图　13-2

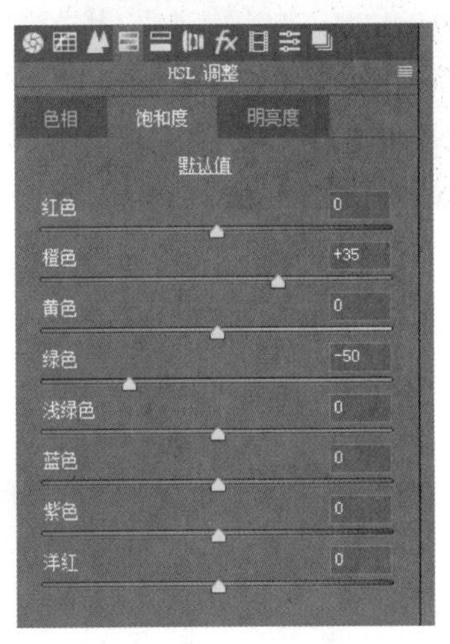

图　13-3

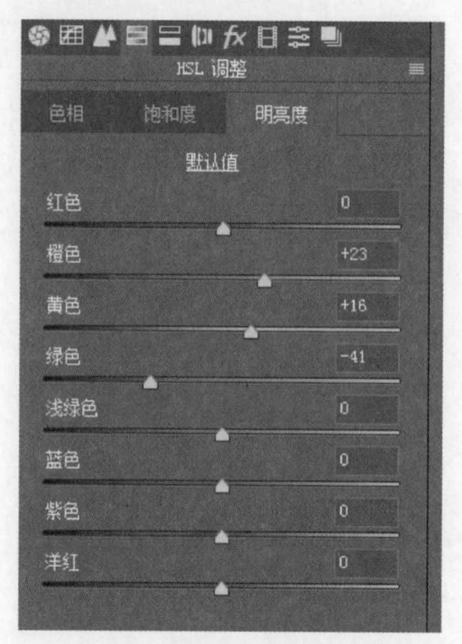

图 13-4

图 13-5

03 颜色校准

切换至“校准”面板并设置相关参数（见图 13-6），目的是使与红原色相关的色彩饱和度增加，这里包含帽子、樱桃和少量皮肤色彩。降低绿原色相关色彩的饱和度，这里主要降低树叶的饱和度。最后提高蓝原色饱和度，使相关色彩饱和度增加，同时也提高了相关颜色的明度。

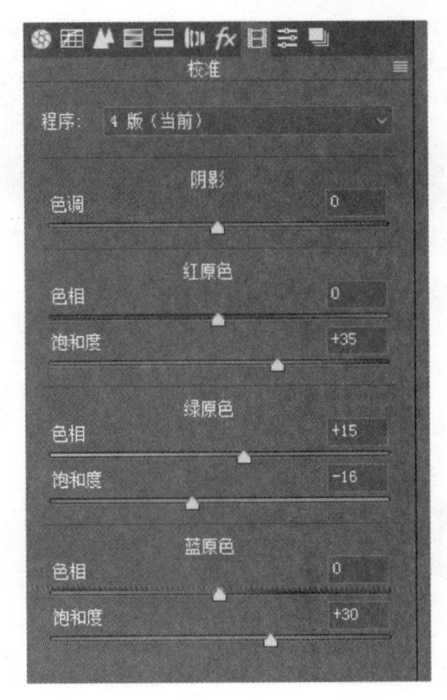

图　13-6

04 用径向滤镜提高人物亮度

使用工具栏上的“径向滤镜”设置相关参数（见图 13-7）。在画面上绘制椭圆选框（见图 13-8），调节完成后，单击右下角的“打开图像”按钮，回到 Photoshop 里做下一阶段处理。

图　13-7

图 13-8

05 制作柔光效果

按下快捷键 Ctrl+J 复制一个图像，然后执行“图层 > 智能对象 > 转换为智能对象”命令，接着执行“滤镜 > 模糊 > 高斯模糊”命令，将参数设置为“64”像素，最后把图层混合模式修改为“绿色”（见图 13-9）。因为目前柔光效果太亮，所以使用调整面板里的“色阶”，设置相关参数（见图 13-10），减弱柔光的同时压暗背景，完成最终效果（见图 13-11）。

图 13-9

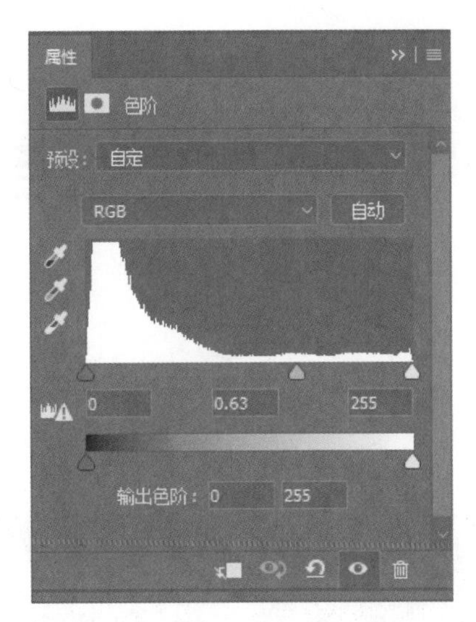

图　13-10

图　13-11

提示：

在本案例柔光效果的制作中，将图层混合模式改为“柔光”，也能达到柔光效果。如果使用此方法，会使画面过暗，再用色阶提亮画面，即可解决问题。

案例 07 古典怀旧人像后期处理技巧

合成思路	本案例通过 Camera Raw 完成背景压暗，通过径向滤镜提亮人物，并且在 Photoshop 中降低饱和度并通过照片滤镜统一着色来制作怀旧的色调。
合成难度	★★★
合成关键点	Camera Raw 的径向滤镜、渐变映射的使用、照片滤镜的使用。

01 基础调节

执行“文件 > 打开”命令，选择文件“古典怀旧人像底片 .ARW”，设置基本参数（见图 14-1）。执行这一步骤的目的是使整体曝光偏暗，为后期提亮人物做准备。

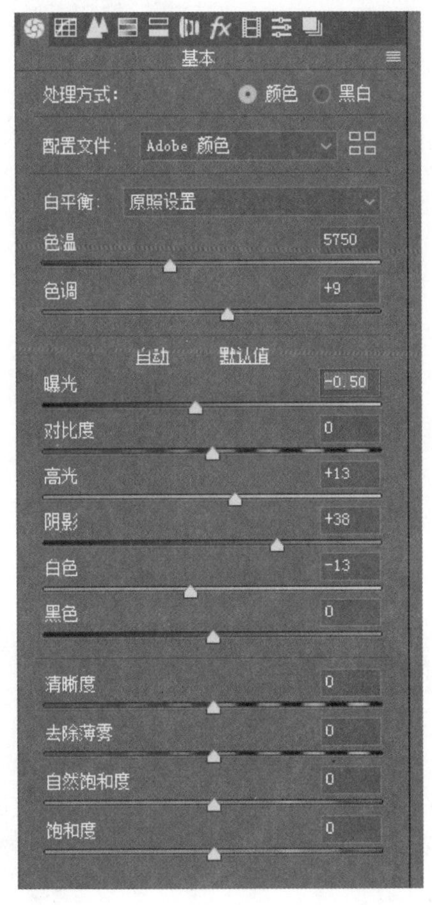

图　14-1

02 用径向滤镜提亮人物

使用工具栏中的“径向滤镜”设置相关参数（见图 14-2）。并在画面中绘制一个椭圆选框（见图 14-3），将人物提亮，与背景形成对比。完成后单击右下角的“打开图像”按钮，回到 Photoshop 中完成下一阶段处理。

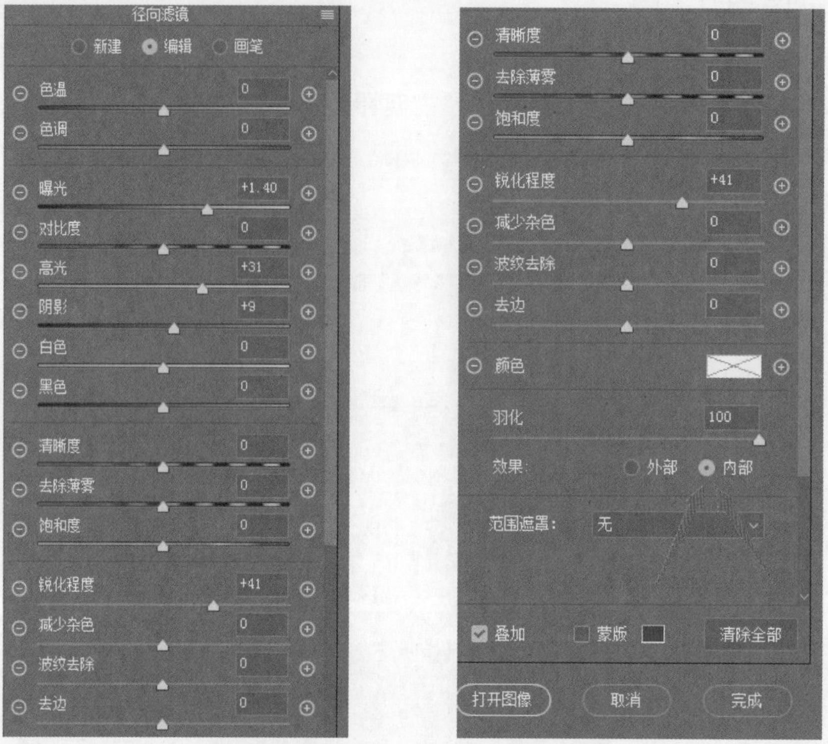

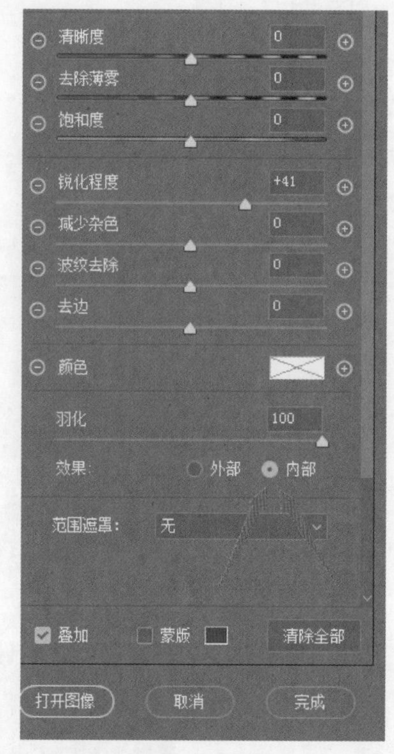
径向滤镜
新建
编辑
画笔
色温 0
色调 0
曝光 +1.40
对比度 0
高光 +31
阴影 +9
白色 0
黑色 0
清晰度 0
去除薄雾 0
饱和度 0
锐化程度 +41
减少杂色 0
波纹去除 0
去边 0
清晰度 0
去除薄雾 0
饱和度 0
锐化程度 +41
减少杂色 0
波纹去除 0
去边 0
颜色
羽化 100
效果： 外部 内部
范围遮罩： 无
叠加
蒙版
清除全部
打开图像
取消
完成

图 14-2

图 14-3

03 用色彩平衡形成冷暖对比色

使用“调整”面板的“色彩平衡”设置相关参数（见图 14-4 和图 14-5）。使中间调偏暖，阴影偏冷，使画面的冷暖对比加强（见图 14-6）。

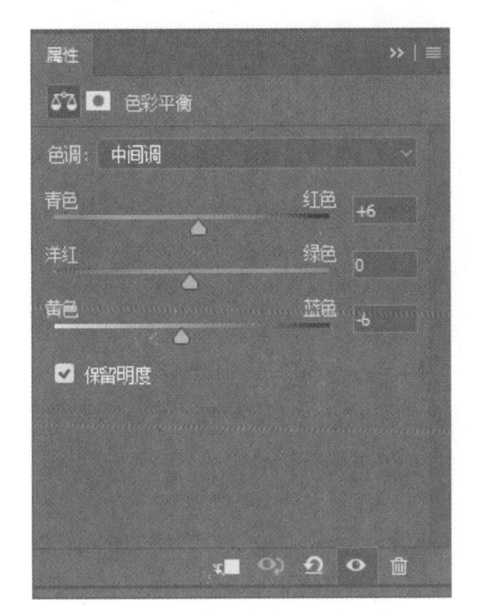

图　14-4

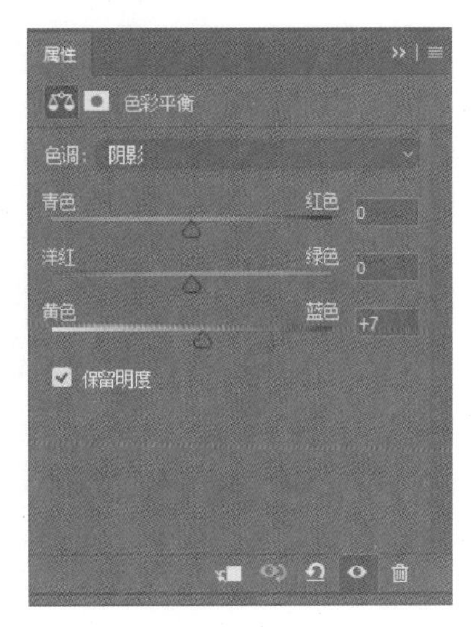

图　14-5

图　14-6

04 用渐变映射降低饱和度

使用“调整”面板的“渐变映射”设置相关参数从纯黑到纯白渐变（见图 14-7），并把它的图层“不透明度”降低为“20%”，使照片的整体饱和度降低。

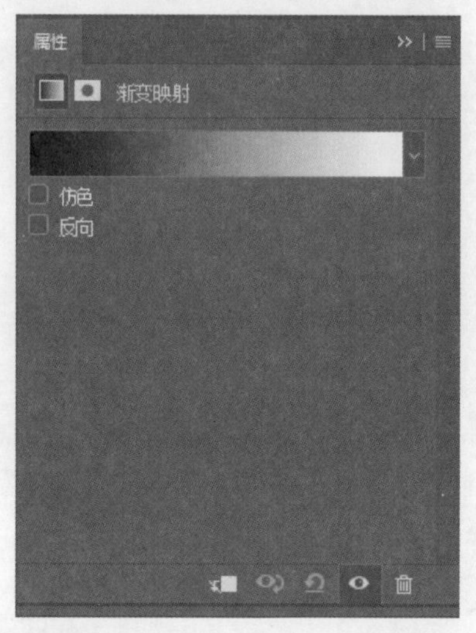

图 14-7

05 用照片滤镜添加暖黄色

使用“调整”面板的“照片滤镜”设置相关参数（见图 14-8），使画面中充满橙色，让画面色彩统一（见图 14-9）。

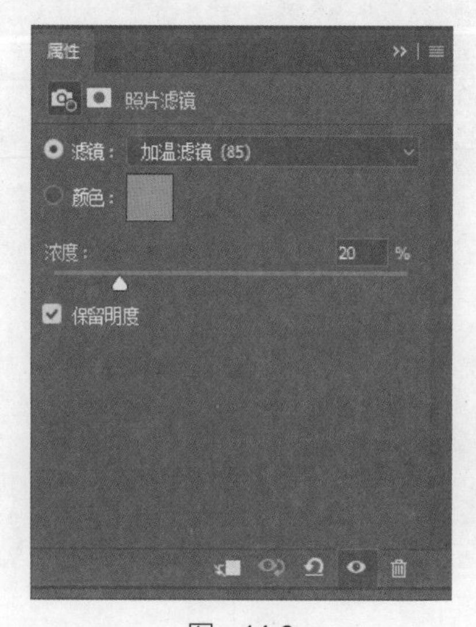

图 14-8

图　14-9

06 使用曲线增加对比度

使用“调整”面板中的“曲线”设置相关参数（见图 14-10），增加照片的对比度，也达到了去灰的效果，完成最终效果（见图 14-11）。

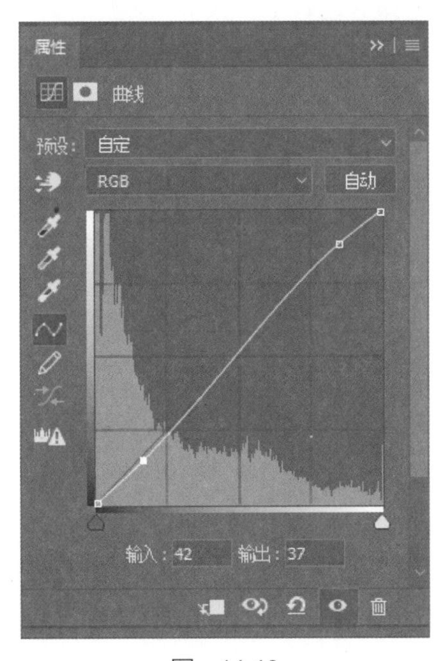

图　14-10

图 14-11

提示：

因为本案例中的服装和场景色调统一，所以在后期中只需降低饱和度即可达到怀旧褪色的效果，再通过照片滤镜统一着色。